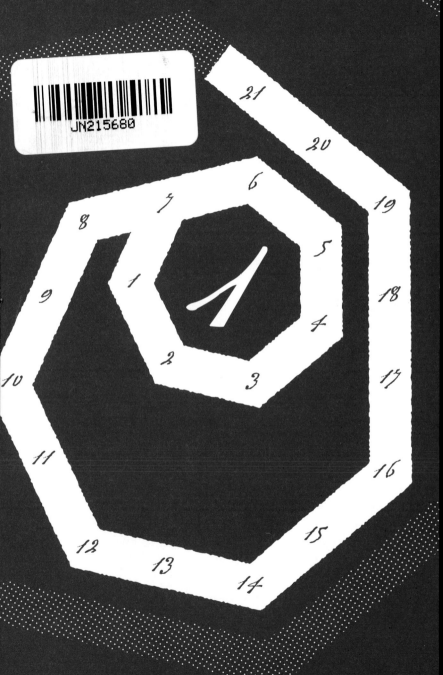

計算といえば、まずは四則演算を思い浮かべるだろう。さらに考えてみると、平方根をとるというのもそうだ。

　残念ながら、学校のカリキュラムでは、計算処理を上手に機械的にこなせるようになり、数に関する事実をできる限り知って、日常生活で効率良く役立てるようにすることに重きが置かれている。

　そのため、計算を通じて見えてくる、数にまつわる多くの驚くべき関係性を知らない人は多い。

　そうした関係性のなかには、日々の生活でも大いに役立つものもある。

　たとえば、数を見るだけでそれが3や9や11で割り切れるかどうかがわかればとても便利だ。ひと目でわかるならなおのこと。

　2で割り切れるかどうかは、あまり考え込まずに判断できる。末尾の桁を見るだけで良い。

　この話を拡げて、素数で割り切れるかどうかを考えたい。学校のカリキュラムでは間違いなく教えない事柄だが、それを紹介することによって、本書では取りあげていない素数までも調べてみようという意欲が読者のみなさんに湧いてくれば、と私たち執筆者は考えている。

　ほかにも、数体系に見られる不思議を、本書ではいろいろと紹介することになる。みなさんが、そういった珍しい事柄をもっとたくさん探し、どうしてそうなるのかを考えてみようという気になることを私たちは切に願っている。

　第1章は、数体系について単に計算処理ができるようになるだけではなく一層深い理解が得られるようにもしてある。

　さまざまな特別な数を取りあげるので、学校でのごくありふれた課程で学ぶよりも、計算がもっとよくわかるようになるだろう。数とその計算をめぐる旅に出かけよう。

はじめに

　何十年もの間、数学のカリキュラムには、生徒が科学や金融
や工学や建築、それに日常生活など（挙げきれないくらいたくさん！）
の試練を上手に切り抜けるために欠かせない基本的要素がたく
さん揃っていた。ところが学校の授業では、取りあげるべき事柄
が多く、着々と前に進めなければならないという緊張感があるせい
で、興味深くて大切でもある数学の概念やトピックや応用法で
も、教室ではめったに話題にされることがない。

　たとえば、銀行に預けた元金に対する利率の効果を計算する
方法を習うことがあったとする。それでも「72の法則」を利用し
て、銀行口座に預けた金が倍になるまでにどのくらいの時間を
要するのかを知る方法までは習わないはずだ。

　幾何学的現象にも、驚くほどシンプルでありながら、ひとえに時
間が足りないという理由から、教室ではめったに教えられないもの
がたくさんある。円に内接する四角形が持つ性質もそうだ。たとえ
ば、四角形の対角線と辺の間には、対角線の積は対辺の積の和
に等しい、といったすばらしい関係がある（ただしこれは四角形の4つ

の頂点が同じ円周上にあるときに限られることをくれぐれもお忘れなく）。

　ほかの例も見てみよう。正三角形では、内部のどこに点を置いてもその点は三角形内のほかのどの点とも同じ1つの性質を持つ。その点から三辺それぞれに下ろした垂線の長さの和が常に一定だというものだ。そしてこの性質もやはり、紹介される機会にはなかなか恵まれない。

　日常生活に応用できるものなのに、触れられずに終わってしまうことも多い。たとえば、掛け算を暗算する機械的アルゴリズムだ。たとえ電卓が手軽に使えるとしても、暗算で答えを出す器用さは強みになるはずなのだが、現在の技術世界ではどうもあまり重要視されないようだ。本書では、あえてこの空白を埋めたいと思う。

　フィボナッチ数（これほどあちこちで見られる数は私たちの文化にはおそらくほかにはない）をうまく応用すると、マイルをキロメートルに（あるいはその逆の場合も）暗算で変換できる。これは、アメリカ旅行する場合に特に便利なはずだ。アメリカの標識にマイル表示された距離を、なじみ深いキロメートルに置き換えることができるからだ。

　代数をさまざまに利用すると、数学的に興味深い多くの事柄

が説明できる。それを初めて目の当たりにした人はただ驚くばかりだ。たとえば、数を見てそれが3で割り切れるかどうかを判断する方法を知っている人はたくさんいるかも知れないが、その「からくり」まで知っている人はそう多くはない。でも、その方法がなぜうまくいくのかを知ることは、それをどう使うのかと同じくらい重要なはずだと私たちは考えている。そうすることは、ほかの数で割り切れるかどうかを判定するルールを考える助けになるはずだからだ。

　確率論は、近年存在感を増してきているトピックだ。意外で反直観的な応用法もたくさんある。ひどく直観に反する結果を示すものに「誕生日問題」がある。これは、部屋のなかに30人いるとすると、そのうちの2人の誕生日が同じであるという意外に思えることが、なんと70パーセントの確率で起こるのだとわかる。そして、おそらくもっと驚くべきことは、55人のグループとなるとその確率が99パーセントになることだ。

　このように、授業では触れない事柄のなかに、数学の本当のおもしろさ、本当の価値が潜んでいる。だからこの度、本書をきっ

はじめに　*4*

lecture 2
11で割り切れるのは？

23

lecture 3
素数で割り切れるかどうかを簡単に知るには？ *25*

lecture 4
数をすばやく2乗するには？

32

第1章
ひと味ちがう計算方法

lecture 5
2乗を利用した暗算

34

lecture 1
3や9で割り切れるのはどんな数？

21

lecture 6
四平方の定理とは？

36

かけにして、幅広い読者のみなさんには、かつて得られなかったチャンスを取り戻してほしい。

数学のテストにパスする、という目的で数学と向き合うことで、わたしたちは数学のすばらしさに触れる機会を逸している。『数学センスが身につく本』では、数学教育の空隙にある宝物を示していこう。著者陣は、セクションを短く区切り、それぞれを明快にわかりやすく表現するよう努めるとともに、さまざまな図を取り入れるようにした。そして、「ある理論について、街で出くわした通行人に二言三言で説明できない限り、その最終的な結論を言っても満ち足りた気にはなれない」というフランスの数学者ジョセフ・ディアス・ジュルゴンヌ（1771年−1859年）の考え方をずっと心に留め、執筆に臨んだ。

みなさんが数学を一層しっかりと会得し、そして何よりも、数学は多くの応用例で役に立つのみならず、数学自体に備わる力や美しさを露わにするのに有益であるということをより深く理解するきっかけになれば幸いだ。

lecture
26
金貨? 銀貨?
ベルトランの箱

124

lecture
22
確率論の始まり

107

lecture
27
陽性＝病気?

129

lecture
23
ベンフォードの
法則で
捏造をチェック
109

lecture
28
パスカルの
三角形と
確率の関係
133

第2章
日常の
中の
確率論

lecture
24
誕生日を
めぐる驚き

115

lecture
29
かき混ぜないで
カフェオレを
作るには
139

2
chapter

lecture
25
直観に反する
モンティ・ホール
問題
119

lecture
30
ジョーカーが
ポーカーを
壊す!?
144

lecture **7** 電卓を使わずに 平方根を求める *37*	*lecture* **12** 数の宇宙の 原子とは? *56*	*lecture* **17** 素数の 無限性を 示す *78*
lecture **8** 不揃いな数の 大きさを 比べるには *40*	*lecture* **13** 数の関係性を 楽しもう *63*	*lecture* **18** ないがしろに される 三角数 *79*
lecture **9** ユークリッドの 互除法を使って 最大公約数を 見つける *42*	*lecture* **14** 友好的な数って? *66*	*lecture* **19** 完全な数とは? *87*
lecture **10** 和の視覚 イメージ *45*	*lecture* **15** 数の世界の 回文とは? *69*	*lecture* **20** 誤った 一般化に 注意! *92*
lecture **11** 無限小数の世界 *51*	*lecture* **16** 素数の 遊び方 *75*	*lecture* **21** フィボナッチ数の 冒険 *95*

chapter

3

第3章
代数に
翻訳
すると

lecture
33
無理数で
あることを
どう示す?
157

lecture
38
落下運動のカギ
180

lecture
34
2乗根を
書き表すには
160

lecture
39
デカルトの
符号法則は
微積分への
かけ橋
183

lecture
35
フェルマーの
因数分解法で
素数判定
168

lecture
40
ホーナーの方法で
多項式を
因数分解
186

lecture
31
代数を使って
カラクリを
暴く
153

lecture
36
3種類の数列と
3種類の平均の
関係とは
171

lecture
41
ピタゴラス数は
簡単に作れる
190

lecture
32
どうして
ゼロで割っては
ダメなのか
155

lecture
37
ディオファントス
方程式って
何だ?
175

lecture
42
硬貨を
組み合わせて
ピタリと
払うには
197

第4章
見慣れた幾何学の一歩先へ

chapter **4**

lecture **43**
長方形と
平行四辺形と
三角形
205

lecture **44**
格子を使って
面積を求める
207

lecture **45**
四角形の
「中心」は
どこだ？
214

lecture **46**
三角形の面積の
公式の先に
あるもの
218

lecture **47**
ヘロンの
三角形を探せ
222

lecture **48**
公式を遊び倒す
227

lecture **49**
点を数えて
面積を求める
232

lecture **50**
交差する直線が
円に交わると
235

lecture **51**
三角法の
始まり
239

lecture **52**
小さな角度の
正弦を求めるには
241

第5章
カリキュラムを
飛び出そう

chapter
5

lecture
72
系統立てて考える

330

lecture
68
数学記号の
由来

347

lecture
73
割安なのは
どちらか

335

lecture
69
直観に
頼りすぎては
ならない

320

lecture
74
貯金が倍になる
72の法則

338

lecture
70
トーナメントの
試合数は?

324

lecture
75
簡単で難しい
ゴールドバッハ
予想

341

lecture
71
考えるあまり
飲み過ぎない
ように

328

lecture
76
1、2、4、8、
16、31…

345

lecture
53
いつもとは
違った
正弦の見方
244

lecture
58
ピタゴラスの
定理を
3次元に
拡張する *269*

lecture
63
点と円の
関係性とは?
291

lecture
54
ピタゴラスの
定理の
思いもかけない
証明たち *247*

lecture
59
形が変わっても
変わらない
ものとは? *272*

lecture
64
コンパスだけで
作図できる?
297

lecture
55
ピタゴラスの
定理の
先にあるもの
——パート1 *254*

lecture
60
三日月型に
等しい直線図形
とは? *277*

lecture
65
円柱の中の
球について
考えてみると *299*

lecture
56
ピタゴラスの
定理の
先にあるもの
——パート2 *260*

lecture
61
共点性の不思議
281

lecture
66
凹んだ
「正」多角形とは?
301

lecture
57
ピタゴラスの
定理の
先にあるもの
——パート3 *264*

lecture
62
相似と
黄金比の関係
286

lecture
67
三次元の星形を
描いてみる
308

lecture 77
無限の不思議

349

352

lecture 79
数え切れない
ものを数える

356

lecture 81
放物線に
光を当ててみる

375

謝辞　*16*

謝辞

　出版社プロメテウス・ブック社（Prometheus Books）が、編集長のスティーブン・L・ミッチェルや、じつに献身的な制作コーディネータであるキャサリン・ロバーツ＝アベルを中心にして、とてもすばらしいサポートをしてくださったことに、著者一同は心よりお礼を申し上げる。

　また、上級編集者のジェイド・ゾラ・シビリアが大変緻密な編集作業を行ない、賢明なアイディアを出し、この上なくわかりやすい形に作りあげてくれたことにも感謝している。さらに、編集アシスタントのハンナ・エトゥ、組版担当のブルー

第1章

ひと味
ちがう
計算方法

ス・カールにもお礼申し上げたい。表紙デザインはニコル・ソマー＝レクトの才能の賜物だ。ローラ・シェリーの仕事にも非常に満足している。

　私たちはそれぞれ、本書の制作過程を通じて辛抱強く支援してくださった多くの人たちに対し、感謝の気持ちでいっぱいだ。特に、クリスティアン・シュプライツァー博士からカタリナ・ブラツダへ、とても示唆に富む議論を重ねてくれたことにお礼を申し上げたい。その独創的な議論は、本書を執筆する上で大いに役に立った。

lecture

1

3や9で
割り切れるのは
どんな数?

　数が3や9で割り切れるかどうかを判断するには簡単なルール
を当てはめるだけで良い。そのルールとは、数の各桁の数字の
和が3（または9）で割り切れれば、元の数は3（または9）で割り
切れる、というものだ。

　1つ例を見てみよう。296357という数を考える。3（または9）
で割り切れるかどうか、先程のルールを試してみよう。

　各桁の数字の和は2+9+6+3+5+7=32で、3でも9でも割
り切れない。したがって、元の数296357は3でも9でも割り切
れない。

　では、数457875を考えよう。これは3あるいは9で割り切れ
るだろうか? 　各桁の数字の和は4+5+7+8+7+5=36となり、
9で割り切れる（そしてもちろん3でも割り切れる）。

　だから数457875は3でも9でも割り切れる。

　万が一、各桁の数字の和が3や9で割り切れるかどうかがす
ぐにわからないならば、この手順を繰り返せば良い。先ほど出し
た和に対し、その各桁の数字の和を求めるのだ。

　ほかの例を考えてみよう。数27987は3や9で割り切れるだろ
うか? 　各桁の数字の和は2+7+9+8+7=33となり、3では割

り切れるが9では割り切れない。したがって、数27987は3で割り切れ、9では割り切れない。

　このルールに触れる場合、ルールを教えるときに抜け落ちがちなのが、なぜこれが成り立つのかということだ。ここで、ルールがうまく機能する理由を手短に述べておこう。

　$abcde$という10進数を考えたい。この数の値は次のように表せる。

　$N = 10^4 a + 10^3 b + 10^2 c + 10 d + e$

　　$= (9+1)^4 a + (9+1)^3 b + (9+1)^2 c + (9+1) d + e$

　二項式をそれぞれ展開したなかに含まれる9の倍数をまとめて$9M$と表す。すると、この式は次のように簡単にできる。

　$N = [9M + (1)^4] a + [9M + (1)^3] b$

　　$+ [9M + (1)^2] c + [9M + (1)] d + e$

　ここで、$9M$をくくり出すと、$N = 9M[a+b+c+d] + a+b+c+d+e$となり、$N$が3や9によって割り切れるかどうかは、$a+b+c+d+e$、つまり各桁の数字の和が3や9によって割り切れるかどうかにかかっていると言える。

　さまざまな事柄は「ルール」の理由が見えるとはるかに理解しやすく、その価値を十分認識できるようになる。

ひと味ちがう計算方法 | 1

lecture 2 | 11で割り切れるのは?

　11で割り切れるかどうかを、実際に割り算をせずに知るにはどうしたらいいだろうか。手元に電卓があれば問題は簡単に解決するが、いつもあるとは限らない。じつは、11で割り切れるかどうかを調べるためのとても巧みな「ルール」があり、その巧みさはじつに興味深い。

　それは、いたってシンプルなものだ。
「各桁の数字を1つおきに加えた数の差が11で割り切れれば、元の数も11で割り切れる」

　少々ややこしく思えるが、そんなことはない。1つおきに各桁の数字を加えるというのは、左端の桁から始めて、1番目、3番目、5番目……の桁の数字を加えるだけだ。次に残りの（偶数番目の）桁の数字を加える。その2数の差をとり、11で割り切れるかどうかを調べるのだ。

　このルールを理解する一番の方法は、具体例をなぞってみることだろう。918082が11で割り切れるかを調べることにしよう。

　まずは1つおきに各桁の数字の和を求める。$9+8+8=25$と$1+0+2=3$だ。その差は$25-3=22$となり、11で割り切れる。だから、918082は11で割り切れる。

23

差が0となった場合も、元の数は11で割り切れる。0はすべての数で割り切れるからだ。次の例で見てみよう。768614の各桁を、1つおきに加えた和同士（7＋8＋1＝16 および 6＋6＋4＝16）の差は16－16＝0で、11で割り切れる。したがって、768614は11で割り切れるという結論が得られる。

　なぜこの方法でうまくいくのだろうか。10進数$N＝abcde$について考えてみよう。Nは次のように表せる。

$$N＝10^4 a＋10^3 b＋10^2 c＋10d＋e$$
$$＝(11－1)^4 a＋(11－1)^3 b＋(11－1)^2 c＋(11－1)d＋e$$

これは

$$N＝[11M＋(－1)^4]a＋[11M＋(－1)^3]b$$
$$＋[11M＋(－1)^2]c＋[11M＋(－1)]d＋e$$

のように変形することができる。それぞれを展開してから、11の倍数である項をまとめて$11M$と表すことにする。そして、$11M$をくくり出すと、$N＝11M[a＋b＋c＋d]＋a－b＋c－d＋e$となる。

　この式の最後の部分、つまり$a－b＋c－d＋e＝(a＋c＋e)－(b＋d)$が11で割り切れるとき、かつそのときのみ、Nは11で割り切れる。こうして、11で割り切れるかどうかを判断するための式が得られる。

　図らずもこれは、1つおきに各桁の数字を加えた数の差となっている。これこそが見事な「からくり」であって、計算に対する理解を深めることに一役買うものとなっている。

ひと味ちがう計算方法 | 1

lecture 3

素数で割り切れるかどうかを簡単に知るには?

テクノロジーの発達した現代、計算する技能や能力は後回しにされている。電卓がいとも簡単に使えるからだ。

ある数が2で割り切れるかどうかは、末尾の桁（つまり1の位の数字）を見るだけで判断できる。末尾の桁の数字が（2、4、6、8、0などの）偶数ならば、その数は2で割り切れる。

加えて、末尾の2桁の数字からなる数が4で割り切れれば、元の数は4で割り切れる。同じように、末尾の3桁の数字からなる数が8で割り切れれば、元の数は8で割り切れる。このルールはさらに高次の2の累乗による割り算に対しても拡張できる。

同様に、5で割り切れるかどうかも、末尾の桁の数字から判断できる。それが0か5であれば、その数は5で割り切れる。さらに同様に、末尾の2桁の数字からなる数が25で割り切れれば、元の数は25で割り切れる。

これは2の累乗に対するルールに似ている。2の累乗と5の累乗の間にある関係性はおわかりだろうか？　10進法における基数の累乗（10, 100, 1000, ……）の因数になっているのだ。

85

ここまでに、ある数が3や9や11で割り切れるかどうかを判断するための手法を紹介した。すると、次のような疑問が湧かないだろうか。ほかの素数についても、割り切れるかどうかを判断できるようなルールは存在するのだろうか？

ある数が素数で割り切れるかどうかを判断できれば便利なこともあるだろうし、それ以上に、そのようなルールを調べていくことで、数学がもっとよく理解できるようになるはずだ。

つまり、割り切れるかどうかのルールは、数の本質やその特性への興味深い「窓」を開いてくれるのだ。じつのところ、実際に割り算をしてみるのとほぼ同じくらい手間になるようなルールもある。でもそういったものは楽しく、思いがけない視点をもたらしてくれることもある。

割り切れるかどうかを判断するルールについてまだ触れていない素数の中で最小のものは、7だ。

7で割り切れるかどうか

与えられた数の末尾の桁の数字を取り除く。

そして、残った数から、取り除いた数字の2倍を引く。

その結果が7で割り切れれば元の数は7で割り切れる。

この手順は、7で割り切れるかどうかをひと目で確かめられる数が得られるまで繰り返しても良い。

では、具体例を見ながら、このルールがどのように機能するのかを追ってみよう。876547が7で割り切れるかどうかを確かめたいとする。まず、876547の1の位の数字7を消し、その2倍である14を残りの数87654から引くと、$87654 - 14 = 87640$ となる。

結果の数が7で割り切れるかどうかは見ただけではまだわからないので、同じ手順を繰り返す。

先の結果の数87640から1の位の数字0を消し、その2倍（それでも0）を残りの数から引くと、8764 − 0 = 8764となる。この数8764が7で割り切れるかどうかも見ただけでは判断できそうもない。

だから同じ手順を踏む。再び、末尾の桁の数字4を消し、その2倍である8を残りの数から引くと、876 − 8 = 868になる。それでもなお、868が7で割り切れるかどうかを判断するのは難しいので、またも手順を続ける。

先の結果868に対して処理を続ける。再び1の位の数字8を消し、その2倍である16を残りの数から引くと、86 − 16 = 70となる。70は7で割り切れる。したがって、876547は7で割り切れるのだ。

さて、ここで数学の美しさをお伝えしたい！ 一風変わったこの手順が実際のところ成り立つのはどうしてだろう？ 物事が成り立つわけがわかるということこそ、数学のすばらしさだ。そして私たちは、見識を得ることになる。

7で割り切れるかを判断する手法が正しいということを示すために、（すぐに「取り除かれる」）末尾の桁として考え得るさまざまな数、そして、それに伴い末尾の桁を落としてから実際に行なう引き算を考えてみよう。*table 1-1* を見ると、末尾の桁を落としそれを2倍にすることで、実質的には7の倍数を引いているのがわかる。

つまり、元の数から「7の束」を引き去っているのだ。だから、引き算して残った数が7で割り切れるならば、元の数も7で割り切れる。なぜなら、元の数を2つの部分にわけたところ、それぞ

れが7で割り切れるので、ゆえに元の数自体は7で割り切れるに違いないというわけだ。

この手法が必ず成り立つわけを示す方法はほかにもある。それを考えてみるのも良いだろう。

末尾の桁を取り除き、取り除いた数の2倍を残りの数から引くというのは、元の数から末尾の数の21倍を引き、その結果を10で割ることに等しい（後半の割り算は間違いなく実行できる。というのも初めに行なう引き算の結果として出る数の末尾は必ず0になるから）。

21は7で割り切れ、10は7では割り切れない。だから、結果の数が7で割り切れるのは元の数が7で割り切れる場合であり、かつその場合に限る。

table 1-1 **末尾の桁を落として、2倍した数を引く**

末尾の桁の数字	元の数から引く数	末尾の桁の数字	元の数から引く数
1	$20+1=21=\ 3\cdot7$	5	$100+5=105=15\cdot7$
2	$40+2=42=\ 6\cdot7$	6	$120+6=126=18\cdot7$
3	$60+3=63=\ 9\cdot7$	7	$140+7=147=21\cdot7$
4	$80+4=84=12\cdot7$	8	$160+8=168=24\cdot7$
		9	$180+9=189=27\cdot7$

13で割り切れるかどうか

割り切れるかどうかのルールを検証していない次の素数は13だ。

手順は7で割り切れるかどうかを調べたときと同じだ。ただし、消した数字の2倍を引くのではなく、9倍を引く必要がある。

こちらもルールを適用した具体例を見てみるのが一番だろう。

5616が13で割り切れるかどうかを調べよう。まずは元の数5616の1の位の6を消し、残りの数から6の9倍である54を引く。すると561−54＝507となる。

この数が13で割り切れるかどうかをひと目で判断するのはまだ難しい。

そこで、先程の手順を繰り返す。507の1の位の数字7を消し、その9倍である63を残りの数から引く。

すると50−63＝−13となる。これはもちろん13で割り切れる。だから元の数5616は13で割り切れる。

このルールで、どのようにして「掛ける数」を9に決めたのかと不思議に思うことだろう。末尾が1になる13の倍数で、最も小さい数を探したのだ。

それは91である。この数の10の位の数字は1の位の数字の9倍だ。ここでもう一度、末尾の桁として考えられるさまざまな数と、それに対して行なう引き算を以下の表で考えてみよう。

table 1-2 **末尾の桁を落として、9倍した数を引く**

末尾の桁の数字	元の数から引く数	末尾の桁の数字	元の数から引く数
1	$90+1=\ 91=\ \ 7\cdot13$	5	$450+5=455=35\cdot13$
2	$180+2=182=14\cdot13$	6	$540+6=546=42\cdot13$
3	$270+3=273=21\cdot13$	7	$630+7=637=49\cdot13$
4	$360+4=364=28\cdot13$	8	$720+8=728=56\cdot13$
		9	$810+9=819=63\cdot13$

それぞれ、元の数から13の倍数を1回以上引いている。だか

ら、残りの数が13で割り切れるならば、元の数は13で割り切れる。

17で割り切れるかどうか

1の位の数を消し、消した数の5倍を残りの数から引く。やがて数は小さくなり17で割り切れるかどうかをひと目で判断できる。

このルールが正しいことは、7や13に対するルールの場合と同じようにして示せる。手順の各ステップで、元の数から「17の束」を引くと、やがて数は小さくなって扱いやすくなり、目で見るだけで17で割り切れるかどうかが判断できる。

ここまでの（7、13、17に対する）3つのルールで展開したパターンから、さらに大きな素数について、割り切れるかどうかを判断するための同じようなルールが導けるはずだ。

次の表で、さまざまな素数の場合に、消されてしまう末尾の桁の数字に「掛ける数」を示す。

table 1-3 **末尾の桁の数字に掛ける数**

整除性を調べる数	7	11	13	17	19	23	29	31	37	41	43	47
掛ける数	2	1	9	5	17	16	26	3	11	4	30	14

ぜひ、この表を拡張してみてほしい。やってみると楽しいし、数学をますますよく理解できる。

素数についてのルールで得た知識を拡げて、合成数（非素数）まで考えるのも良いだろう。

合成数で割り切れるかどうか

ある数が合成数で割り切れるのは、その合成数の互いに素な因数のそれぞれで割り切れる場合だ。以下の表でこのルールを説明している。48までの合成数をについてぜひ表を完成させてほしい。

table 1-4 **合成数で割り切れるための条件**

割り切れるかを調べる数	6	10	12	15	18	21	24	26	28
割り切れなくてはならない数	2と3	2と5	3と4	3と5	2と9	3と7	3と8	2と13	4と7

こうして、割り切れるかを調べるためのルールのとてもわかりやすいリストができた。初等整数論への興味深い洞察も得られた。関心のある読者は、10以外の基数を考えてルールを一般化しても良いだろう。

lecture

4 数をすばやく 2乗するには?

　複数桁の2数の掛け算を筆算で行なう方法はご存じだろう。
ところが、その数自身を掛けたい（つまりその数を2乗したい）場合、手っ
取り早く答えを出す方法がある。

　さらに、任意の2数の掛け算は、それらの数の和の2乗と差
の2乗を組み合わせて書ける。だから数を足したり引いたり2乗
したりする方法がわかっていれば、じつは任意の2数の積も計
算できるのだ。

末尾の桁が5である数を2乗する

　末尾の桁が5である数を手早く2乗する方法がある。末尾の
桁を消して、残った数を N とする。N に $N+1$ を掛け、その末尾
に2と5を付け加えると正しい結果が得られる。

　たとえば、85^2 を計算するために、5を消して残りの桁の数字
8に9を掛ける。そして出てきた72の末尾に25を加える。結果
は7225。これは 85^2 だ。

　このルールが成り立つのはどうしてだろうか？　末尾の桁を消
した残りの数を N と表すことにすると、元の数の2乗は $(10 \cdot N+5)^2 = 100 \cdot N^2 + 100 \cdot N + 25 = 100 \cdot N \cdot (N+1) + 25$ となる。

積 $N \cdot (N+1)$ は、計算した結果のなかに 100 がいくつ含まれるかを表す。そこで、その数値を 2 と 5 の桁の前に書き、100 の位の桁の値として割り当てる。少し計算すれば、元の数の 2 乗が得られるのだ。

40と60の間の数を2乗する

40 と 60 の間にある数の 2 乗も手早く行なう方法がある。40 と 60 の間にある（40 と 60 は含まない）任意の数は、$50 \pm N$ と書ける（ただし N は 1 桁の数）。たとえば、$58 = 50 + 8$ とか $43 = 50 - 7$ ということだ。

すばやく 2 乗するルールはこうだ。25 から $\pm N$ を計算し、出てきた数字の末尾に N^2 を書き添える。

この方法で 57^2 を手早く計算してみよう。まずは足し算 $25 + 7 = 32$ をして、$7^2 = 49$ を書き添える。すると 3249 となる。ここで 7 を使ったのは、$57 = 50 + 7$ だからだ。

同じようにして 48^2 を計算すると、引き算 $25 - 2 = 23$ をしてから $2^2 = 4$ を付け加える。ここでの 4 は 04 を意味するので、2304 となる。ここで 2 が登場したのは、$48 = 50 - 2$ だからだ。

このルールが成り立つ理由は、この形の数を 2 乗すると、$(50 \pm N)^2 = 2500 \pm 100N + N^2 = 100(25 \pm N) + N^2$ となるからだ。

任意の数を2乗する

ここまでに見てきた 2 つのからくりは、末尾の桁の数字が 5 である数、あるいは、40 と 60 の間にある任意の数に使えるものだ。ではほかの数についてはどうだろうか？　先に示したからくりは $2 \cdot$

5＝10という事実に依存しており、同じような論法を使えば任意の数の2乗を簡単に計算できる。末尾の桁が5よりも小さい数、たとえば73^2を計算してみよう。これは$(70+3)^2＝4900+2\cdot210+9＝5329$と考えることで手早く計算できる。一方、末尾の桁の数字が5より大きく、たとえば29^2であれば、$29^2＝(30-1)^2＝900-2\cdot30+1＝841$と考えると良い。

　数の2乗をうまく計算できるようになれば、任意の掛け算をするのにも役に立つし、計算に対し一段と洗練された見方ができるようになる。

lecture

5 ｜ 2乗を利用した暗算

　和が偶数となる2数（つまり2つの奇数、もしくは2つの偶数）を掛けたいとき、公式$(a+b)(a-b)＝a^2-b^2$を利用して、2つの数の

2乗を計算してその差をとるという問題に変形できる。

　具体例として、47と59の積ならば、$(53-6)(53+6)=53^2-6^2=2809-36=2773$と書ける（$53^2$を手早く計算する方法についてはすでに紹介済み）。

　心に留めておきたいのは、このからくりは片方の数が奇数でもう片方が偶数の場合には使えないということだ。

　とはいえ、そのように偶奇性の異なる任意の2数の積も、$(a\pm b)^2=a^2\pm 2ab+b^2$という公式を使えば平方数の差として計算できる。

$$(a+b)^2-(a-b)^2=a^2+2ab+b^2-(a^2-2ab+b^2)$$

から、

$$a\cdot b=\frac{(a+b)^2-(a+b)^2}{4}$$

が得られる。これは任意の積$a\cdot b$を2つの平方数の差を使って表した形だ。

　じつのところ、たとえば1から20までのすべての数の2乗を覚えていて、上に示した公式がわかっていれば、その範囲で対応可能などんな2数の積も簡単に計算できる。

　この意味で、暗算するために九九表を覚える必要はない。すべての平方数を覚えれば事足りるのだ。

　バビロニア王国時代の粘土板から、バビロニアの人たちが平方数の表を使っていたこと、そしてここで示した方法で、つまり積を平方数の差に置き換えて数の掛け算を行なっていたことがわかっている。

lecture 6 四平方の定理とは？

2乗は数学のあちこちで登場する。それなのに、どの整数も、平方数か、2つの平方数の和か、3つの平方数の和か、4つの平方数の和であることはあまり知られていない。

ギリシャの数学者ディオファントス（紀元201年 – 285年）は、著書『Arithmetica（算術）』のなかでこれを予想していたものの、自身の考えを正当化する証明を示せなかった。

この驚くべき事実を初めて証明したのは、フランスの数学者ジョゼフ゠ルイ・ラグランジュ（1736年 – 1813年）だ。この結果はラグランジュの四平方の定理と呼ばれている。この定理を具体的に見てみよう。

例として18を考える。これを4つ以下の平方数の和で表してみると、$18 = 3^2 + 3^2 = 4^2 + 1^2 + 1^2 = 3^2 + 2^2 + 2^2 + 1^2$ となる。

このように、18は、2つの平方数の和、3つの平方数の和、および4つの平方数の和として表せるのである。

もう少し他の例も見てみよう。

$23 = 3^2 + 3^2 + 2^2 + 1^2$

$43 = 5^2 + 3^2 + 3^2$

$97 = 8^2 + 5^2 + 2^2 + 2^2$

興味のある読者は、この定理をほかの数でも検証してみてほしい。

lecture 7 | 電卓を使わずに 平方根を求める

　今の時代、電卓を使わずに平方根を求めたいなどと思うだろうか？　そんなこと、きっと誰も思わないだろう。

　それでも、平方根を求める過程で何が実際に行なわれているのかを知ることには意味がある。それがわかれば、電卓を使わずにすむ場合もあるだろう。

　ここでは、学校で教えられることのあまりない、しかし、平方根の意味がよく理解できる方法を紹介する。

　この手法の美しさは、何が行なわれているのかがじつによくわかるようになるところにある。

この方法は、1690年にイギリスの数学者ジョゼフ・ラフソン（1648年 − 1715年）が著書『*Analysis aequationum univer salis*（方程式の普遍的な解析）』のなかで初めて発表したものだ。ラフソンはこれを、サー・アイザック・ニュートン（1643年 − 1727年）が1671年にまとめた『*De Methodis Serierum et Fluxi onum*（流率法）』によるものだとした（書籍としての正式な出版は1736年になってからだった）。

そのため、このアルゴリズムは両者の名前を冠し、ニュートン・ラフソン法と呼ばれている。

この方法を理解するのにも具体例をなぞるのが良いだろう。$\sqrt{27}$ を求めたいとしよう。$\sqrt{25}$ と $\sqrt{36}$ の間、つまり5と6の間にあり、5により近いのは間違いないだろう。

5.2くらいに見当をつけよう。もしもこれが27の平方根で正しければ、27を5.2で割ると5.2になるはずだが、そうはならない。

そこで、もっと近い近似値を見つけるために、

$$\frac{27}{5.2} = 5.192\cdots\cdots$$

という計算をする。$\sqrt{27} \approx 5.2 \cdot 5.192$ なので、因数の1つ（この場合、5.2）は $\sqrt{27}$ より大きく、もう一方の因数（この場合、5.192）は $\sqrt{27}$ よりも小さいに違いない。

ゆえに、$\sqrt{27}$ は5.2と5.192に挟まれているはずだ。つまり、$5.192 < \sqrt{27} < 5.2$ だ。

だからこれら2数の平均、

$$\frac{5.2 + 5.192}{2} = 5.196$$

は5.2や5.192よりも $\sqrt{27}$ の近似値として精度が高いと推察する

のが妥当だ。

　より近い近似値が出るように、この手順を続け、その都度小数点以下の桁を増やす。

　つまり、

$$\frac{27}{5.196} = 5.1963\cdots\cdots$$

より$\sqrt{27}$は区間［5.196, 5.1963］に含まれると推定できる。

　$\frac{5.196 + 5.1963}{2} = 5.19615$ という平均値から、$\sqrt{27}$ のより近い近似値は5.19615となる。

　この手順をもう1ステップ行なって$\sqrt{27}$のより近い近似値を得る。

$$\frac{27}{5.19615} = 5.196155\cdots\cdots$$

より、$\sqrt{27}$の含まれる区間は［5.19615, 5.196155］と推定でき、これら平均値の計算から、$\sqrt{27}$のさらに近い近似値は5.1961525となる。

　この手順を続けることで、完全平方数（整数の2乗となっている数）ではない数の平方根を見いだすことに対する洞察が得られるだろう。その手法は少々ややこしいものかもしれないが、平方根の意味が真に理解できるようになる。

lecture 8 | 不揃いな数の大きさを比べるには

　世界がテクノロジーに溢れる現在、大きな数の比較は学校のカリキュラムで教えておきたい事柄だ。

　一般的な **10** 進法で単純に書いたものではなく、指数の形で表した数を比較するための手法はとてもたくさんある。本書でも **1** つの方法を紹介する。

　これを、解き明かせそうもなかった疑問を解決するためにはどんな方法があるのかを知るチャンスにしてほしい。

　31^{11} と 17^{14} という **2** つの値のうちどちらが大きいか、という問題に突き当たったとしよう。この問いに答えるために、これらの底の数を変え、共通の底に変形できるようにしよう。

　$31^{11} < 32^{11} = (2^5)^{11} = 2^{5 \cdot 11} = 2^{55}$ は明らかだ。その一方で、$17^{14} > 16^{14} = (2^4)^{14} = 2^{56}$ だ。

　ここで、$2^{56} > 2^{55}$ ゆえに $17^{14} > 31^{11}$ だと結論できるのは明らかだ。これら **2** 数はそれぞれ非常に大きいので、共通の底に変換せずにどちらが大きいのかを判断するのはとても難しいだろう。

　大きい数の比較は、このほかに、次のような判断によって説

明することができる。次の2式 $\sqrt[9]{9!}$ と $\sqrt[10]{10!}$（ここで、階乗 $n!$ は、$n! = 1 \cdot 2 \cdot 3 \cdot 4 \cdot 5 \cdots \cdot n$ のこと）はどちらが大きいだろうか?

この場合、2数をそれぞれ90乗して比較する。90が9と10の公倍数になっているからだ。

$$(\sqrt[9]{9!})^{90} = (9!)^{\frac{1}{9} \cdot 90} = (9!)^{10} = (9!)^9 \cdot (9!)$$

$$(\sqrt[10]{10!})^{90} = (10!)^{\frac{1}{10} \cdot 90} = (10!)^9 = (9!)^9 \cdot (10)^9$$

2つの最終結果をそれぞれ同じ数（この場合には $(9!)^9$）で割ると、残るのは $9!$ と 10^9 だ。$9!$ の9つの因数はどれも 10^9 の9つの因数より小さいので、$9!$ は明らかに 10^9 よりも小さい。

したがって、$\sqrt[9]{9!} < \sqrt[10]{10!}$ だ。この場合もまた、共通の性質を探すという方法を使えば、とてつもなく大きな数を実際に計算するよりもはるかにたやすく比較できることがわかるだろう。

ユークリッドの互除法を使って最大公約数を見つける

lecture **9**

15と10の最大公約数（gcd）は何か？　だいたいの人は、それは5であると直観的にわかるだろう。この直観は何より、九九を学び、計算練習をすることで磨かれる。

では、$gcd(364, 270)$（この記号表記は364と270の最大公約数を意味する）はどうだろう？　この場合、先程のような直観はなかなか働いてくれない。

2数を素因数分解し、どちらの素因数分解にも出てくる素数についてそれぞれ最も低い指数を調べ、それらを掛け合わせて最大公約数を出す方法（素因数分解法）が一般的だろう。

ほかにも、ユークリッドの互除法と呼ばれる方法もある。ここでは、この方法を紹介しよう。

2つの正の整数aとb（ただし$a > b$）を考える。そして、aをbで割ったときの余りを計算しよう。

ここで、商をq、余りをrとすると、$a = qb + r$と書ける。

$a = 364$、$b = 270$として計算すると、$364 = 1 \cdot 270 + 94$となる。ユークリッドの互除法ではここから、$gcd(a, b) = gcd(b, r)$と

変形する。これは、aとbの公約数はすべて必ずrの約数であり、bとrの公約数は必ずaの約数だという事実に基づいている。今回の場合、$gcd(364, 270) = gcd(270, 94)$だ。

　ここで、先程の手順をもう一度繰り返そう。270を94で割ると、$270 = 2 \cdot 94 + 82$となる。

　$a = 270$、$b = 94$ と考えると、$gcd(270, 94) = gcd(94, 82)$となる。

　この手順をさらに繰り返すと、いずれ余りは0になる。

　$94 = 1 \cdot 82 + 12$、　　だから、$gcd(94, 82) = gcd(82, 12)$

　$82 = 6 \cdot 12 + 10$、　　だから、$gcd(82, 12) = gcd(12, 10)$

　$12 = 1 \cdot 10 + 2$、　　だから、$gcd(12, 10) = gcd(10, 2)$

　$10 = 5 \cdot 2 + 0$、　　だから、$gcd(10, 2) = gcd(2, 0)$

　2と0の最大公約数は2自身となる。なぜならば、任意のnに対して、$0 = 0 \cdot n$ が成り立つことから、ここではすべての数が0の因数であると考えることができるからだ。そして、明らかに、2は2の最大の約数であるから、$gcd(2, 0) = 2$だ。

　ここまでの等式を繋げると次のようになる。

$$gcd(364, 270) = gcd(270, 94) = gcd(94, 82)$$
$$= gcd(82, 12) = gcd(12, 10) = gcd(10, 2)$$
$$= gcd(2, 0) = 2$$

　では、先に述べた素因数分解法を用いて、この結果を確認してみよう。それぞれを素因数分解すると、$364 = 2^2 \cdot 7 \cdot 13$、$270 = 2 \cdot 3^3 \cdot 5$となる。

　共通の素数は2だけであり、両方の素因数分解を通じて2の指数は1が最小だ。ゆえに、$gcd(364, 270) = 2^1 = 2$となる。

素因数分解法が利用できるのに、なぜユークリッドの互除法を使う必要があるのか、と思うかもしれない。素因数分解が手早くできる場合には、素因数分解法のほうが速く計算できるだろう。ところがこの「手早い」というのが問題なのだ。

　整数がとても大きいと、素因数分解をするのが困難だったり非効率だったりすることもある。実際、商取引をはじめとするインターネット上のやりとりの安全性のかなりの部分は現在、大きな数が素数であるかどうかを判断するのが困難であるゆえに保たれている。

　だから、素数かどうかがわからない数同士の最大公約数を求めたいというだけなら、ユークリッドの互除法を使うことで計算速度の問題を回避できる。

　ユークリッドの互除法は、かなり古くからある効率的なアルゴリズムで、これを利用すると2数の最大公約数が求められる。比較的小さな整数の場合には直観で十分に事足りるが、ユークリッドの互除法を使えば、大きな整数のペアの最大公約数を簡単に求められる。

　必要条件が厳しくないこととアルゴリズムの有益性が高いことが相まって、このアルゴリズムは私たちが知る計算方法のなかでゆるぎない地位を占めている。

ひと味ちがう計算方法 | 1

lecture
10 | 和の視覚イメージ

正の整数の和

ドイツの高名な数学者カール・フリードリヒ・ガウス（1777年－1855年）の子供の頃の逸話はたびたび語られるので、読者のみなさんも耳にしたことがあるかもしれない。

それは、ガウスがまだ小学生の頃に並外れた手柄を立ててみせたというものだ。

数学の先生がクラスに、1から100までの正の整数をすべて加えるという課題を出した。$1+2+3+\cdots+100$ を計算するという課題を出せば、ガウス少年をはじめ子供たちはしばらくそれにかかりきりになるだろうと期待したのだ。ところが先生は驚いた。

ガウスはわずか数秒で計算を終え、しかもどうやらちゃんと正解を出したようなのだ。

ガウス少年は次のように説明した。クラスのみんながやっているように順番に数を足していったのではない。この足し算の100個の数字から、$1+100,\ 2+99,\ 3+98,\ 4+97,\cdots\cdots$ のように、ペアが作れることに気づいた。

こうしてできる50組のペアの和はそれぞれ101だ。だからすべて足すと $50\cdot101=5050$ になる。

45

ガウス少年の技法を拡張した、

$$1+2+\cdots+n=\frac{n(n+1)}{2} \ (n は任意の正の整数)$$

という和の公式を思い起こす人もいるだろう。この公式を立証する簡単な方法はほかにもいくつかある。たとえば、次のような視覚的な説明はどうだろう。

*figure*1-1 に示すような、一番下の行と右端の列に n 個の四角形を並べた図を考える。

figure 1-1 四角形を階段状に並べる

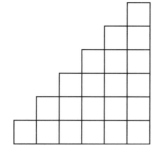

figure 1-2 階段を重ねて長方形を作る

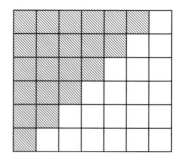

figure 1-1 の「階段」は和 $1+2+3+\cdots+n$ を表している。これを理解するために、階段を垂直な列に分割する。左から右へと眺めてみると、1番左の垂直列には正方形が1つあり、その隣の列には垂直に積まれた2つの正方形があり、3番目の列には正方形が3つあるという具合だ。最後の列には n 個の正方形が垂直方向に積まれている。

階段の面積は列の面積の和だ。だから階段の面積は、

$1+2+3+\cdots+n$ となる。

　階段を反転させて影をつけたコピーを作り、それを元の階段に付け足して **figure1-2** のような長方形を作る。

　すると、この長方形の面積は $n(n+1)$ だ。

　影のついた「階段」と影のついていない「階段」は面積が等しい。だから階段の面積は、長方形の面積を半分にして、

$\dfrac{n(n+1)}{2}$ となる。

　階段は 1 から n までの整数の和を意味していたことを思い出そう。

だから、$1+2+\cdots+n=\dfrac{n(n+1)}{2}$ と結論できる。

　この和の公式には、ほかにもさまざまな説明方法がある。特によく知られているのはおそらく、ガウス少年が使ったものだろう。視覚に訴える説明を好むなら、ここで紹介したような階段を利用する手法が、1つのエレガントな方法となる。

正の奇数の和

　簡単な計算から、数に見られるすばらしいパターンが明らかになることもある。

　$1=1^2$ について考えてみよう。これは完全平方数、つまり2つの同じ整数の積に等しい数である。

　$1+3=4=2^2$ も完全平方数である。

　$1+3+5=9=3^2$ もまた完全平方数だ。

　このパターンは、予想通りこの後も続いていく。しかしなぜだろうか?

figure 1-3 に示す、以下のような正方形を利用すると、このパターンが理解できる。

figure 1-3 **正の奇数の和の視覚イメージ**

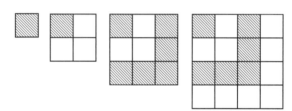

左から右へ見ていくと、正方形がどんどん大きくなっているのがわかるはずだ。各段階で、*L*字型の部分を右下の隅に新しく付け加えて、一回り大きな正方形を作っているのだ。

左上隅にある元の正方形と付け加えた*L*字型の部分との合計面積は、正方形全体の面積に等しい。

具体的に見ていこう。

右端の正方形は $1+3+5+7=16=4^2$ を示している。

*L*字型の部分（と元の正方形）の面積はすべて奇数であり、これらの奇数の面積の合計は正方形全体の面積に等しい。

こうして、奇数の和は平方数に等しいという、先程のパターンが説明できる。

このパターンをほかの方法で確かめることもできる。

正の奇数を加えて平方数を得る代わりに、次のような平方数の表を考え、正の奇数がどこに現れるのかに注目してみよう。

ひと味ちがう計算方法 | 47

table 1-5　正の奇数の現れ方

n	n^2	
0	0	$0+1=\ \ 1$
1	1	$1+3=\ \ 4$
2	4	$4+5=\ \ 9$
3	9	$9+7=16$
4	16	$16+9=25$

　これはほかのパターンを確認するのに便利な表だ。ある行から次の行に移るために、完全平方数に正の奇数を加えると次の完全平方数になる。3番目の列に注目しよう。この列には、次の行に移るために2番目の列の値をどう変えるのかが書いてある。

　第1行から第2行に移るには、$0+1=1$とする。第2行から第3行ならば、$1+3=4$とする。第3行から第4行を見てみると、$4+5=9$だ。同じように、その次の行に移るために、$9+7=16$とする。

　言い換えると、連続する完全平方数の差は連続する正の奇数であり、これは、先の幾何学的な説明を考えれば、予想通りだろう。

　1番下の行から戻ってくると、$16-9=7$、$9-4=5$であることがわかる。さらに戻ると、$4-1=3$、$1-0=1$だ。こうして0から始めて、これらの差を加えると16になる（$1+3+5+7=16$）。ここでもまた、連続する奇数の和は平方数になることがわかる。

　このような説明は、視覚的に学びたい人には特に役に立つだろう。だからといって、代数が好きな人もがっかりしないでほしい。

この考え方は代数的にも説明できる。

ある非負の整数 n に対し、連続する平方数 n^2 と $(n+1)^2$ を考えよう。その差は次のように計算できる。

$(n+1)^2 - n^2 = n^2 + 2n + 1 - n^2 = 2n + 1$

差が $2n+1$ と簡略化できることに注目しよう。n が非負の場合、$2n+1$ はもちろん正の奇数だ。

正の奇数の和と、完全平方数とが結びつくための必要条件はとても控えめだ。パターン自体は初等的な計算で理解できる。平方関数 (n^2) の値の表、簡単な幾何学、それにちょっとした代数のすべてが一体となって働き、数におけるこのすばらしいパターンを明らかにしてくれる。

ひと味ちがう計算方法 | ✓

lecture
11 | 無限小数の世界

　無限小数とは、小数点以下の桁が無限に続く数のことだ。さまざまな場面で登場し、なかにはよく知っている数が含まれていることもある。

　たとえば、ある整数をほかの整数で割ると、無限小数になることもある。ある整数の平方根を取る場合も同じだ。

　特に重要な2つの数学定数 $e＝2.718281$……と、$π＝3.141592$……も無限小数だ。これらは小数点以下の数が無限に続く。

　そして、人間の直観は無限という数学的概念に出合うと正しく働かなくなることも少なくない。無限小数にまつわるびっくりするようなすばらしい事実はいくつもあり、なかにはみなさんがお気づきでないものもきっとあるはずだ。

循環小数

　筆算で2つの整数の割り算をすることは、誰もがよく知っている初等的な計算での基本的トピックだ。割り算の結果は、有限小数（たとえば、$\frac{21}{7}＝3$ や $\frac{7}{4}＝1.75$ など）や、循環する数字列からなる小数部分を持つ小数（たとえば、$\frac{7}{3}＝2.\overline{3}＝2.333333\cdots$）になり得る。ここで、3の上の傍線は際限なく、つまり、無限に循環すること

を意味する。

　逆の問題、すなわち、小数部分を伴う数が与えられたとき、その数が表す分数をどうやって構成できるのかという問題は、あまり重視されないかもしれない。この問題は、循環小数に対してならば非常に簡単なものとなる。

　たとえば、1.428574285742857……のような数を考えてみよう。ひと目見ただけでは、この数をどのように分数に変換するのかはわからない。電卓を使ってもどうにもならない。

　ところが、ちょっとしたからくりを使うことでたいして苦労せずに変換できてしまうのだ。まず、循環部分の「長さ」を桁数で知る必要がある。$x = 1.\overline{42857}$ の循環部分は5桁分の長さがある。ここで、x に、桁の長さに応じた10の累乗を掛け、その結果から x を引く。こうするとただちに、望み通り x を分数の形で表せる。

　今挙げた例では、$x = 1.\overline{42857}$ であり、循環部分は5桁なので 10^5 を掛け、$100000x = 142857.\overline{42857}$ となる。

　2つ目の式から1つ目の式を引くと、$100000x - x = 142856$ となる。

　よって、$99999x = 142856$ であり、$x = \dfrac{142856}{99999}$ だ。

　この変換手順を循環小数 $0.\overline{9} = 0.999999……$ に当てはめると、面白いことが見えてくる。$x = 0.\overline{9}$ とした場合、$10x = 9.\overline{9}$ であり、引き算をすると $9x = 9$、つまり $x = 1$ となる。したがって、$0.\overline{9} = 1$ と言える。これが意味するのは、$0.\overline{9}$ がじつのところ、1の別表現にすぎないということだ。直観的に $0.\overline{9}$ は1よりもやや小さい

に違いないという気がしてしまうけれど、そうではないのだ（たった今、確かめた通り）。無限列を扱うとき（あるいは数学を扱うとき）、直観を信じすぎてはいけない。

無理数

　無限小数に数の循環パターンがなければ、分数として書き表すことはできない。だからそれは、有理数ではない。そして、そのような数は無理数と呼ばれる。

　オイラー数 e も π もどちらも無理数だ。自然数の平方根は、その自然数が累乗数でなければ必ず無理数だ。たとえば、$\sqrt{2}, \sqrt{3}, \sqrt{5}, \sqrt{6}, \sqrt{7}, \sqrt{8}, \sqrt{10}, \sqrt{11}$ はすべて無理数だ。小数点以下に循環しない数字列が無限に続く。π や e や $\sqrt{2}$ の小数点以下の値をすべて知ることはできないのである。

　数学者は π の近似値となる小数のなかにパターンを探し求め続けている。ときに、なんらかのパターンが明らかになることがある。

　たとえば、イギリスの数学者ジョン・コンウェイ（1937年 −）によれば、π の小数値を 10 桁ずつのグループにわければ、1 つのブロックに 10 個の数字がすべて現れる確率は約 40000 分の 1 ととても小さいが、10 桁ごとに作ったグループの 7 番目でそれが実際に起きることを指摘した。以下のグループわけに見られる通りだ。

$\pi =$ 3.1415926535　8979323846　2643383279　5028841971

　　　　6939937510　5820974944　5923078164　0628620899

　　　　8628034825　3421170679　8214808651　3282306647

　　　　0938446095　5058223172　5359408128 ……

コンピュータの性能向上に伴って、πの近似値の精度の記録は着々と更新されている。近年、πの小数点以下**2245915771 8361**（おおよそ22兆5000億）桁までが計算されたが、本書がみなさんの目に触れる頃には、この記録もすでに破られているだろう。

無理数はコンピュータにとってだけではなく、数を記憶したい人にとっても意欲をそそる目標だ。

πやeや$\sqrt{2}$の小数点以下をただひたすら暗唱するコンテストがそれぞれ別個に存在している。たとえば、πの（2017年3月）現在の記録はスレシュ・クマールが持っている**70030**桁だ。これも本書が読者の手にわたる頃には破られているだろう。

その一方で、すべての無理数が覚えにくい小数表現になるというわけではない。たとえば、**0.123456789101112131415161 718192021222324252627282930313233 34**……という数について考えてみよう。

この列がどう続くか気づいただろうか？　この数は、イギリスの数学者 D・G・チャンパノウン（1912年 – 2000年）にちなみ、チャンパノウン定数と呼ばれる。チャンパノウンがこれを発表したのは1933年、大学生のときだ。

小数部分はすべての正の整数を順に繋いだものである。つまり誰でもすぐに書き出せる数列だ。注目してほしいのは、有限のあらゆる数列が、この数列のどこかに必ず現れることだ。もっと言えば、任意の有限数列はチャンパノウン定数に、限りなく何度でも現れさえする。

たとえば、ある数列を使ってDNA分子の核酸塩基の列に刻まれたコードを示すならば、みなさん自身のDNA分子を表す数

列がチャンパノウン定数の終わりなき数のどこかにそっくりそのまま出てくるだろう。もちろん同じことは、地球上で生きている、あるいはこれまでに生きた、ほかのどんな生物のDNA分子にも言える。

そんなことは信じられないかもしれないが、これは、無限という概念とチャンパノウン定数の定義から導かれる単純な結果なのである（だからといって、この数に何らかの特別な意味があるということではない）。

見たところすべてを包含するチャンパノウン定数に備わるこの一風変わった特徴は、またしても、無限列（および、一般に無限という数学的概念）は、実生活で私たちが経験するあらゆる事柄とはまるで違うものであることを物語っている。このような概念の扱いに慣れていないと、それらにつきまとう反直観的な事実に戸惑うことになるだろう。

lecture 12 | 数の宇宙の原子とは?

　化学で、元素周期表を習ったはずだ。この表には、現存する既知の化学元素がすべて載っている。

　なかには、実験室で作られただけで自然界には存在しないものもある。

　現在わかっている限り、宇宙のなかで目に見える物質はすべて、最も軽い元素である水素から最も重いプルトニウムに至るまでの94のさまざまな天然の化学元素から構成されている。

　さらにもっと重い24の元素が人工的に作られているが、それらは半減期が極めて短く自然界では見られない。

　94の天然の化学元素は、94種類の異なる原子を表しており、私たちの世界を作る基本的な構成要素であるとみなせる。

　物質は必ず有限個の原子に分解でき、それぞれの原子はさまざまな元素のうちの1つに属する。

　たとえば、1粒の水滴は莫大な数の水分子からできていて、水分子はそれぞれ2つの水素原子と1つの酸素原子から構成されている。

　だから、その水滴にはいくつかの酸素原子と、その2倍の数の水素原子が含まれている。

同じように、単独の物質の塊はどれも別個の原子に分解でき、さらにそれら原子をどの化学元素のものであるかに照らして分類することができる。

原子（atom）という言葉は、古代ギリシャの哲学者が生み出したもので、「分割できない」、つまり物質の最小単位を意味する。

古代ギリシャでは、哲学や物理学や数学は別々の分野ではなかった。すべて「自然哲学」、つまり自然や物理的宇宙の哲学的研究としてまとまっていたのだ。

古代ギリシャの哲学者は、最も小さくて分割できない単位が数の世界にも存在することにも言及した。それは今では素数（prime number）と呼ばれており、これはラテン語の（「最初の数」を意味する）numerus primus から来ている。

素数とは、約数としてきっかり2つの自然数（1とその数自身）を持つ自然数のことだ。この定義では1は素数でないことを覚えておいてほしい。なぜならば、1にはそれ自身以外に約数がないからだ。

物質の断片が個々の原子に分解でき、各原子は特定の化学元素のものであるのとまったく同じように、1より大きいすべての整数は割り切れない因数に分解でき、各因数はある素数を表している。

ところが、自然界はわずか94の異なる天然の化学元素だけから成るのに対し、素数は無限に存在している。

素数は無限個あるにもかかわらず、整数を素因数に分解する方法は一意だ。物質を原子に分解する場合と何ら変わらない。

この重要な主張を算術の基本定理という。

アレクサンドリアのユークリッド（紀元前300年頃に活躍）はその定理の証明をかの有名な著書、$\sum \tau o\iota\chi\varepsilon i\alpha$（ギリシャ語 Stoicheia）のなかで示した。この書籍は現在、ユークリッドの『原論』と言われている。

定理の証明は数学的観点からすれば初等的ではあるが、ここには掲載しない。すべての読者になじみがあるとは限らないであろう特別な表記法を必要とするからだ。

本書では証明を示す代わりに、興味を引きだし、理解を助ける程度の説明を試みることにしよう。

算術の基本定理

1より大きい任意の整数が与えられたとしよう。するとこの数は素数である（つまり1とその数自身以外に約数を持たない）か、素数でないかのどちらかだ。

もしもそれが素数であるならば、その数自体が一意の素因数分解となる。一方、素数でない場合には、その数を必ず素因数に分解でき、それによって元の数を素数の積で表せる。このような非素数を合成数という。

次の表に、1より大きい40個の整数の素因数分解を示す。これらの数は合成数だ。

素数は、リストから「抜けて」いるが、**2, 3, 5, 7, 11, 13, 17, 19, 23, 29, 31, 37, 41, 43, 47, 53**であり、これらはそれ自身の素因数分解となっている。

ひと味ちがう計算方法 | イ

table 1-6 素因数分解

$4=2^2$	$20=2^2\cdot5$	$33=3\cdot11$	$46=2\cdot23$
$6=2\cdot3$	$21=3\cdot7$	$34=2\cdot17$	$48=2^4\cdot3$
$8=2^3$	$22=2\cdot11$	$35=5\cdot7$	$49=7^2$
$9=3^2$	$24=2^3\cdot3$	$36=2^2\cdot3^2$	$50=2\cdot5^2$
$10=2\cdot5$	$25=5^2$	$38=2\cdot19$	$51=3\cdot17$
$12=2^2\cdot3$	$26=2\cdot13$	$39=3\cdot13$	$52=2^2\cdot13$
$14=2\cdot7$	$27=3^3$	$40=2^3\cdot5$	$54=2\cdot3^3$
$15=3\cdot5$	$28=2^2\cdot7$	$42=2\cdot3\cdot7$	$55=5\cdot11$
$16=2^4$	$30=2\cdot3\cdot5$	$44=2^2\cdot11$	$56=2^3\cdot7$
$18=2\cdot3^2$	$32=2^5$	$45=3^2\cdot5$	$57=3\cdot19$

　1より大きいすべての整数が素数の積に分解できるという事実は、素数の定義を考えれば、驚くにあたらない。素数でない数には、**1**とその数自身以外の整数の約数がなくてはならない。だから、因数分解可能（たとえば$12=4\cdot3$のように）であり、因数にわけられる。

　因数のどれかが素数でない場合、その因数はさらに小さい因数に分解できる。因数分解の手順は、得られた因数がどれもそれ以上は分割できなくなった、つまり、（$12=2\cdot2\cdot3=2^2\cdot3$のように）すべて素数になったときに終わる。だから、整数が素数の積で表されるということは、じつのところ極めて明白だ。

　一方、算術の基本定理はこの分解が一意であると述べている（因数の順序は問題ではない。たとえば、$12=2\cdot2\cdot3=2\cdot3\cdot2=3\cdot2\cdot2$だ）。例として、$2016=2^5\cdot3^2\cdot7$を考えると、2016を素数の積として表す方法はほかにはない。

　よって、因数分解の方法とは無関係に（特定のアルゴリズムを使っ

ても、ひたすら試行錯誤作戦で取り組んでも）最終的には5つの2、2つの3、1つの7に行きつくのだ。

素因数分解のどこが特別なのか

算術の基本定理は、整数の「分解」ではなく「合成」に関して述べたものだと考えるのも1つの見方だ。1より大きいすべての整数は素数を掛け合わせることで構成（「合成」）される。

さらに、各整数に対して、その整数を表すただ1つの特別な素数の合成がある。だから、素数はまさしく整数の基本的な構成要素（つまり「原子」）だと考えることができる。

すべての整数は1を一意の個数だけ加えても同じように構成できると言えるかもしれない。

たとえば、12＝1＋1＋1＋1＋1＋1＋1＋1＋1＋1＋1＋1だ。だからこのとき、1をすべての整数の構成要素だと呼べるのかもしれない。

ところが、素因数分解とは決定的な違いがある。1を加えて和を12にしたいとき、12個の1が必要となる。

一般化して言うと、整数Nを1の和として表現したいとき、1がN個必要だ。つまりNを1の和として「構成する」ために、実質的にNを使っているのだ。だから、Nを1の和として表現したところで、Nに関して何か追加の情報が得られるわけではない。Nを別の方法で書き表したにすぎない（数を書くのにアラビア数字ではなくローマ数字を使うのと同じだ）。

それに対して、素数を掛け合わせる場合には、素数自体が数Nを「構成する」。たとえば、12を得るために必要なすべての

ひと味ちがう計算方法 ∕

情報は、素因数分解 $2^2 \cdot 3$ にすでに含まれている。これ以上何もいらない。

素因数分解の応用

2000年以上もの間、素数や算術の基本定理にあまり実用的な価値はなかったようだ。状況が変わったのは、コンピュータテクノロジーが出現したときだった。

算術の基本定理では、どのようにして整数を素因数分解するのかについての情報は示されていない。この定理は、単に素因数分解できることを保証しているにすぎない。

整数を素因数に分解するための体系的な方法は存在するが、手順のなかで必要となる計算処理の回数はその整数の桁数にしたがって急速に増えていく。

桁数の多い整数の因数分解ができるのはコンピュータの助けがあってこそだ。とはいえ因数分解する数が十分に大きい（たとえば数百桁）ならば、素因数分解は、たとえ最強レベルのスーパーコンピュータであっても、事実上不可能だ。ひとえに、時間がかかりすぎるのである。

安全にデータ伝送を行なうための公開鍵暗号方式の多くはこの事実に基づいている。公開鍵暗号方式では、各ユーザが、暗号化用公開鍵と復号用秘密鍵という1組の暗号鍵を持つ。

暗号化用公開鍵は広く配布できるのだが、復号用秘密鍵は持ち主だけが知っている。公開鍵暗号方式の典型的な応用例は、金融取引における電子的メッセージの真正性を証明する電子署名だ。暗号化鍵と複号鍵には数学的関係があるものの、公開

鍵から秘密鍵を計算するのは現実的に不可能だ。

　というのも、そのためには非常に大きな数の素因数を見つけなくてはならないからだ。この暗号方式が安全なのは、まさに、大きな数を因数分解するのが数学的に困難だからだ。

　興味深い話をすると、量子コンピュータ（すなわち量子力学的現象を直接活用するコンピュータシステム）ならば大きな数でもすばやく因数分解できるだろう。

　これを示したのはアメリカの数学者ピーター・ウィリストン・ショア（1959年 –）だ。ショアは量子コンピュータ向けのアルゴリズム開発を手掛けた。古典的コンピュータで動作するアルゴリズムとして現在最善だとされているものに比べ、量子コンピュータのアルゴリズムは動作速度が指数関数的に向上する。

　とはいっても、古典的コンピュータで動く効率的な素因数分解アルゴリズムが存在しないことはいまだ証明されていない。

ひと味ちがう計算方法 | 1

lecture 13 | 数の関係性を楽しもう

　数の関係性を紹介される機会など、これまでほとんどなかったことだろう。数の関係性を示す利点の1つは、現在の数体系にすっぽり隠れている美しさが露わになることだ。

　思いもよらない関係性は無限にある。本書では、やがてほかにもこのような独創的なパターンを探してみようという気になってもらえたらという望みを抱きつつ、1つの楽しみとして、数の関係性をいくつか示していこう。

　手始めに、各桁の数を3乗してその和をとると、元の数と等しくなる数を考えてみよう。

$$407 = 4^3 + 0^3 + 7^3$$

$$153 = 1^3 + 5^3 + 3^3$$

$$371 = 3^3 + 7^3 + 1^3$$

似たような状況は、次の例に示すように4乗や5乗でも見られる。

$$1634 = 1^4 + 6^4 + 3^4 + 4^4$$

$$4150 = 4^5 + 1^5 + 5^5 + 0^5$$

　各桁の数を同じ指数で累乗したものの和として表せる数は、ほかにもいろいろある。みなさんにもぜひ探してほしい。でもまずは、そのような数に対する手掛かりから見てみよう。

63

たとえば8208は、各桁の数を累乗したものの和として表せる。何乗するべきなのかはぜひ読者のみなさんに考えてほしい。

ではもう一度やってみよう。ただし、今回は上で述べたものと似たような流れで、相互に関係性を持つ2数を扱う。互いに、相手の各桁の数を同じ指数で累乗したものの和で表せる2数だ。次に挙げる例では、数136と244がこの関係にある。

$136 = 2^3 + 4^3 + 4^3$ なので、底を並べてみると、$244 = 1^3 + 3^3 + 6^3$ となる。こうして出てきた底を並べると元の数になる。

風変りな累乗の並びは、204^2という値に対しても見られる。これは連続する3つの数を3乗したものの和に等しい（$204^2 = 23^3 + 24^3 + 25^3$）。

このステップをさらに進め、数$8000 = 20^3$を考えてみる。これは連続する数の3乗の和としても表せる。この場合には次の通り、4つの連続する数だ（$20^3 = 11^3 + 12^3 + 13^3 + 14^3$）。

連続する数を同じ指数で累乗したものの和として表せる数はまだある。まずはもう1つ例をお見せするので、みなさんもぜひ探してみてほしい。

$$4900 = 70^2 = 1^2 + 2^2 + 3^2 + 4^2 + 5^2 + 6^2 + \cdots$$
$$+ 20^2 + 21^2 + 22^2 + 23^2 + 24^2$$

次に、連続する数を指数としてみよう。各桁の数を連続する指数で累乗して加えた和と元の数が等しくなる場合がある。たとえば次のようなものだ。

$$135 = 1^1 + 3^2 + 5^3$$
$$175 = 1^1 + 7^2 + 5^3$$

$$518 = 5^1 + 1^2 + 8^3$$
$$598 = 5^1 + 9^2 + 8^3$$

数を累乗の和として表現してみると、もっとおもしろいことがある。なかには極めて独創的なものもある。例を挙げよう。スイスの有名な数学者レオンハルト・オイラー（1707年 – 1783年）は1772年に、$59^4 + 158^4 = 635318657 = 133^4 + 134^4$ であることを見いだした。

これを拡げ、数 6578 について考えてみよう。この数は 2 つの異なる方法で、3 つの 4 乗の和として表せる。

$6578 = 1^4 + 2^4 + 9^4 = 3^4 + 7^4 + 8^4$ となるのだ。折しも 6578 はこれができる最小の数だ。

また、同一の指数（ただし 4 よりは小さい数）で累乗した数の和として書ける数もある。

$$65 = 8^2 + 1^2 = 7^2 + 4^2$$
$$125 = 10^2 + 5^2 = 11^2 + 2^2 = 5^3$$
$$250 = 5^3 + 5^3 = 13^2 + 9^2 = 15^2 + 5^2$$
$$251 = 1^3 + 5^3 + 5^3 = 2^3 + 3^3 + 6^3$$

ほかにも少々変わった累乗の和を示そう。元となる数と同じ指数で累乗した数を加えている。

$102^7 = 12^7 + 35^7 + 53^7 + 58^7 + 64^7 + 83^7 + 85^7 + 90^7$ だ。

各桁の数から作れる 2 桁の数をすべて加えると元の数に等しくなる場合を見つけてみるとおもしろいだろう。ここではたとえば数 132 について考える。図らずも 132 はこれが成立する、すなわち $132 = 12 + 13 + 21 + 23 + 31 + 32$ となる最小の数でもある。

私たちの数体系には果てしなく興味深いパターンが存在する。

そういったパターンが生徒や一般の人の目に触れる本当に良い機会は、あいにくあまりなさそうだ。

　それでも、こうした変わった関係性を見つける楽しみがあるからこそ、みなさんが興味深いパターンをもっとたくさん探そうとするにつれ、数学はますます楽しく、有意義なものになるのだ。

lecture 14 | 友好的な数って?

　数にまつわる数々の風変りな性質は、何世紀にもわたって数学者にさらなる研究の材料を提供してきた。ところが、学校で数学を勉強する過程では、そうした性質を紹介する時間は残念ながら満足には取れない。

　特定の数に共通の性質があることは誰もが知っている。たとえば、偶数は必ず2で割り切れる。奇数が2で割り切れないこと

ひと味ちがう計算方法 ｜ イ

もわかっている。これらは数の間のよく知られた関係性だ。

一方、数の間の関係性でもとても独特なものがある。その1つが互いに「友好的」な数と言われるものだ。どうしたら2つの数字が友好的になるのだろう?

数学者は、2つの数字のうち、1つ目の数の真の約数（数のすべての約数から、その数自身を除いたもの）の和が2つ目の数に等しく、かつ、2つ目の数の真の約数の和が1つ目の数に等しくもある場合に、その2数は友好的だとみなすことにした（数学用語では「友愛数」という）。

ややこしそうだって?　そんなことはまったくない。まずは、友好的な数の最も小さいペアを見てみよう。220と284だ。220の真の約数（因数）は1, 2, 4, 5, 10, 11, 20, 22, 44, 55, 110だ。その和は$1+2+4+5+10+11+20+22+44+55+110=284$となる。284の真の約数は1, 2, 4, 71, 142であり、その和は$1+2+4+71+142=220$となる。これでこの2数は友好的な数のペアの1つだと考えて良いことがわかる。

友好的な数の2つ目のペアは、フランスの高名な数学者ピエール・ド・フェルマー（1601年 – 1665年）が発見したもので、17296と18416だ。この2数の友好的な関係を確かめるには、各数の素因数をすべて見つけなくてはならない。$17296=2^4 \cdot 23 \cdot 47$であり、$18416=2^4 \cdot 1151$となる。そして、これらの素因数からすべての因数を作り出して足し合わせるのだ。

17296の因数の和は$1+2+4+8+16+23+46+47+92+94+184+188+368+376+752+1081+2162+4324+8648=18416$となる。

67

18416の因数の和は$1+2+4+8+16+1151+2302+4604+9208＝17296$である。

17296の因数の和は18416に等しく、逆に、18416の因数の和は17296に等しいことがわかるだろう。こうしてこれら2数は友好的な数のペアだと考えて良い。

友好的な数のペアはもっとたくさんある。以下に挙げるのは、その一部だ。参考にしてほしい。

1184と1210

2620と2924

5020と5564

6232と6368

10744と10856

9363584と9437056

111448537712と118853793424

どんなときでも、数と数の間に魅力的な関係性を期待できる。どういった数のペアが友好的なのかはもうわかっている。少し創造力を発揮すれば、数と数の間の「仲の良さ」をほかの形で確かめられる。なかには正直なところ信じられないものもある！

たとえば、6205と3869のペアを考えてみよう。

一見したところでは、これら2数に明らかな関係性はなさそうだ。ところがちょっとした運と想像力があれば、夢のような結果がいくつか得られる。

$6205＝38^3+69^2$、そして、$3869＝62^2+05^2$だ。

同じような関係を持つ数のペアがほかにもまだ見つかる。以

下を考えてみよう。

$5965 = 77^2 + 06^2$、そして、$7706 = 59^2 + 65^2$ だ。

これらの例には、そのすばらしいパターンを見いだすという楽しみのほかに、数学的にさしたる重要性があるわけではない。それでも、この関係性はじつに驚くべきもので、注目に値する。

もう一度言っておきたい。数学は宝物を秘めている。でも、数学をごくありきたりの方法で学び、その華やかな一面に触れることもなかった人たちは、その秘められた宝物の多くを見過ごしている。

lecture

15 | 数の世界の回文とは?

学校では、奇数や偶数や素数、完全数（完全数のことは本章でのちに取りあげる）については教えられる。しかし、少々変わった、

おもしろい性質を持ちながらも、差し置かれてしまう類の数がほとんどである。

たとえば、どちらの向きに読んでも同じ数がそうだ。その数は回文数と呼ばれる。左から右に読んでも、右から左に読んでも同じなのだ。

つまり、666 や 123321 などのように、どちらの方向に読んでも同じになる数だ。たとえば、11 の累乗を順に並べると 4 乗までは回文数となる。

$11^0 = 1$

$11^1 = 11$

$11^2 = 121$

$11^3 = 1331$

$11^4 = 14641$

無作為に選んだ数に同じ操作をして回文数を作ろうとするというのもなかなかおもしろい。数をその逆向きの数（つまり各桁の数を逆順に書いた数）に加えるという処理を続けてみるとどうだろうか。

たとえば、23 の場合、足し算を 1 回行なえば回文数になる（23＋32＝55 であり、これは回文数だ）。75 の場合は、2 ステップかかる。確かめてみよう。75＋57＝132 となり、132＋231＝363 となる。これで回文数だ。また、3 ステップかかる場合ももちろんある。たとえば、86 から始めると、86＋68＝154、154＋451＝605、605＋506＝1111 だ。いずれにせよ、こうして最終的には回文数が得られる。97 から始めると 6 ステップを経て回文数になるが、98 から計算を開始すると、24 ステップかかってようやく回文数と

なる。

初めの数として196を使う場合には要注意だ。この数から計算を始めて、次々と逆向きの数を加えること300万回を超えてもなお回文数にならない。じつは、196を出だしとしたときに回文数にたどり着くかどうかは、いまだに決着がついていない。196から計算を始めてみるならば、（16回目の足し算で）227574622という数になる。788から計算し始めて回文数を得ようとした場合には、15ステップ目でこの数に行きつく。だから、数788にこの手順を適用して回文数になるかどうかもやはりまだわからないというわけだ。

じつのところ100000までの自然数のうち、5996個については、逆向きの数を加えるという操作で回文数が出てくるかどうかがまだわからない。たとえば、196, 691, 788, 887, 1675, 5761, 6347, 7436などがそうだ。

逆向きの数をとって加えるというこの手順を使い、同じステップ数で同じ回文数になる数がいくつかあることがわかる。たとえば、554, 752, 653などがそうで、どれも3ステップで回文数11011になる。

一般的に、すべての整数は、真ん中の5に関して対称的な位置にある桁の数の和が等しいならば、同じステップ数で同じ回文数になる。

一方、ステップの回数は異なるものの、同じ回文数になる整数というのはほかにもある。たとえば、198は逆向きの数を取って加えるという操作を繰り返すと5ステップで回文数79497になるのだが、7299は2ステップで79497になる。

2桁の数 ab(ただし $a \neq b$)については、各桁の数の和 $a+b$ によって、回文数になるまでに必要なステップ数が決まる。各桁の数の和が 10 よりも小さければ、わずか 1 ステップで回文数になるのは明らかだ。たとえば、$25+52=77$ がそうだ。各桁の数の和を 10 としよう。たとえば初めの数が 73 の場合には、$73+37=110$ だ。この場合、$ab+ba=110$ であり、さらに $110+011=121$ となる。このように、回文数になるまでには 2 ステップ必要なのだ。2 桁の和が 11, 12, 13, 14, 15, 16, 17 となる各場合に対し、回文数になるまでに必要なステップ数はそれぞれ 1, 2, 2, 3, 4, 6, 24 だ。

回文数のなかには、2 乗するとまた回文数になるものがある。$22^2=484$ や、$212^2=44944$ などがそうだ。これらは特別な場合であり、何らかの一般的なルールに合うというわけではない。たとえば、回文数 545 を 2 乗して、$545^2=297025$ としても、どう見ても結果は回文数ではない。

その一方で、お察しの通り、回文数ではない数で、2 乗すると回文数になるものもある。$26^2=676$ や $836^2=698896$ などがそうだ。これらは数が見せてくれる楽しみである。みなさんも、さらに理解を深めるべく興味深い事柄を探してみたいと思わないだろうか。

本書では実際に、回文数の概念をさらに一歩進め、別の種類の回文数を考えてみたい。1 だけから作り出される数を元にして得られる回文数だ。

元となる数字をレプユニット数と呼ぶ。1 を 10 個並べたものよりも小さいレプユニット数はすべて、2 乗すると回文数になる。

$1111^2 = 1234321$ の場合のようにだ。また、回文数のなかには、3乗すると再び回文数になるものもある。そのような数の集合には、$n = 10^k + 1$（$k = 1, 2, 3 \cdots$）という形の数がすべて含まれている。n を3乗すると、$1, 3, 3, 1$ のなかで隣り合う2数の間にそれぞれ $k - 1$ 個の0が並んだ回文数になる。以下に例を示そう。

$k = 1$ の場合は、$n = 11$ であり、$11^3 = 1331$

$k = 2$ の場合は、$n = 101$ であり、$101^3 = 1030301$

$k = 3$ の場合は、$n = 1001$ であり、$1001^3 = 1003003001$

さらに一般化すると、興味深いパターンに出合える。たとえば、数 n を3つの1と偶数個の0からなる数で、両端に1を置いて間に左右対称に0を配置したものとする。それを3乗すると、結果の数は回文数だ。このような数には次のようなものがある。

$111^3 = 1367631$

$10101^3 = 1030607060301$

$1001001^3 = 1003006007006003001$

$100010001^3 = 1000300060007000600030001$

これをもう1ステップ行ない、n が4つの1といくつかの0を回文数の形に配置した数で、1と1の間に並ぶ0の個数が同じではないとすると、n^3 もまた回文数であることがわかる。次の例に見られる通りだ。

$11011^3 = 1334996994331$

$10100101^3 = 1030331909339091330301$

ところが、1と1の間に並ぶ0の個数が同じである場合、その数の3乗は回文数にならない。たとえば、以下の例からわかる。$1010101^3 = 1030610121210060301$ だ。

じつのところ、**2201** は、3乗すると回文数になる（**2201**³ ＝**10662526601**）、**280000000000000** よりも小さくて、それ自身 は回文数ではない唯一の数だ。

ちょっとしたお楽しみとして、回文数の次のようなパターンを 紹介しておこう。

$$12321 = \frac{333 \cdot 333}{1+2+3+2+1}$$

$$1234321 = \frac{4444 \cdot 4444}{1+2+3+4+3+2+1}$$

$$123454321 = \frac{55555 \cdot 55555}{1+2+3+4+5+4+3+2+1}$$

$$12345654321 = \frac{666666 \cdot 666666}{1+2+3+4+5+6+5+4+3+2+1}$$

ひと味ちがう計算方法 ｜ イ

lecture
16 ｜ 素数の遊び方

　素数はどこにでも登場する。先に説明したように、素数は1と
それ自身でしか割り切れない数として明確に定義できる。

　素数を1番小さいものからいくつか並べると、2, 3, 5, 7, 11,
13, 17, 19, ……だ。

　ここで疑問が湧く。1は、素数なのか素数ではないのか？　1
とそれ自身で割り切れるという基準には合っているようだ。ところ
が、数学者は素数から1を除くことを選んだ。

　その理由は、すべての合成数（つまり素数でない数）は素数の積
として一意に書き表せるという合意があることだ。たとえば、30は、
2・3・5という素数の積として一意に書ける。もしも、1を素数と認
めれば、30は素数の積として一意に書くことができなくなる。1
が含まれていれば、1・1・1・2・3・5や1・1・2・3・5のように、30は
いくつかの方法で書けるであろうからだ。だから1は素数に含め
ないことにした。

　素数を列挙してみると、そのなかにただ1つしかないものもある。
偶数である唯一の素数、2だ。

　素数を調べてみると、裏返しにできるもの（つまり、桁の数を逆順

75

にするとまた素数になるもの）があることに気づくだろう。例をいくつか挙げると、13と31、17と71、37と73、79と97、107と701、113と311、149と941、157と751などがそうだ。

素数のなかには回文数であるものもある。2, 3, 5, 7, 11, 101, 131, 151, 181, 191, 313, 353, 373, 383, 727, 757, 787, 797, 919, 10301, 10501, 10601, 11311, 11411, 12421, 12721, 12821, 13331などだ。

さらに、素数であるレプユニット数（これは、1だけからなる数のことだった）も存在する。

11や1111111111111111111や11111111111111111111111などがそうだ。これに続く2つの数には1がたくさん並ぶ。具体的には、317桁と1031桁分、1ばかりが並ぶのだ。

素数には、桁の数字をどう並べ替えてもやはり素数になるという特徴を持つものもある。小さいほうからいくつか挙げよう。2, 3, 5, 7, 11, 13, 17, 31, 37, 71, 73, 79, 97, 113, 131, 199, 311, 337, 373, 733, 919, 991だ。この特徴を持つもっと大きな素数は、レプユニット素数に違いないと考えられている。

また、素数のなかには、桁の数字を循環させてもなお素数であることには変わらないものも存在する。たとえば、1193の場合、桁の数字を「巡らせて」、1931, 9311, 3119といった数を作れる。こうして桁の数字を巡らせたバリエーションがどれも素数になるので、この数1193を循環素数と呼ぶ。

このような循環素数としてほかには次のようなものが挙げられる。2, 3, 5, 7, 11, 13, 17, 31, 37, 71, 73, 79, 97, 113, 131, 197, 199, 311, 337, 373, 719, 733, 919, 971, 991, 1193, 1931,

3119, 3779, 7793, 7937, 9311, 9377, 11939, 19391, 19937, 37199, 39119, 71993, 91193, 93719, 93911, 99371。

　素数同士の関係性もまた、何世紀にもわたって数学者を惹きつけてきた。そのような関係性の1つが、任意の2つの素数の間にいくつの数が存在するかだ。たとえば、2つの素数の間にほかの数がたった1つしかない場合、その2数を双子素数という。

　双子素数を小さいほうから挙げると、3と5、5と7、11と13、17と19、29と31などがある。注目したいのは、連続した2数がともに素数なのは、2と3だけであること。2は唯一、偶数である素数だからだ。

　また、少々「遊べる」素数もある。たとえば、加法的素数だ。これは、各桁の数の和をとるとやはり素数となるもののことだ。いくつか挙げるなら、2, 3, 5, 7, 11, 23, 29, 41, 43, 47, 61, 67, 83, 89, 101, 113, 131といったところだ。

　2つの連続した平方数の和である素数もある。そのような素数を小さいほうからいくつかを挙げると、$1+4=5$、$4+9=13$、$16+25=41$などがある。

　さらに挙げると、61, 113, 181, 313, 421, 613, 761, 1013, 1201, 1301, 1741, 1861, 2113, 2381, 2521, 3121, 3613, 4513, 5101, 7321, 8581, 9661, 9941, 10531, 12641, 13613, 14281, 14621, 15313, 16381, 19013, 19801, 20201, 21013, 21841, 23981, 24421, 26681などがある。ぜひと思う読者は、ここで挙げた各素数が連続した平方数の和であることを確かめてほしい。

素数というトピックは、楽しみのためにもさらなる研究のためにも限りなく応用できる。ちょっとしたゲームのようなものもあるが、それでも肝心な部分には数学が隠れている。たとえば、素数のなかには、桁の数字のどれかをほかの値に変えると必ず合成数（非素数）になるものがある。294001, 505447, 584141, 604171, 971767, 1062599, 1282529, 1524181, 2017963, 2474431, 2690201, 3085553, 3326489, 4393139 などがそうだ。

lecture

17 | 素数の無限性を示す

　素数が無限にあることはよく知られている。素数が無限にあるという考えが正しいことを裏づける証明は何通りもある。その1つとして、素数が有限個しかないと仮定するところから始め、その仮定が正しくないことを示す方法がある。

　素数が n 個しかないと仮定し、それを $p_1, p_2, p_3, p_4, \ldots\ldots, p_n$ とする。N はこれら n 個の素数すべての積に等しい、つまり、$N = p_1 \cdot p_2 \cdot p_3 \cdot p_4 \ldots\ldots \cdot p_n$ であるとする。

ひと味ちがう計算方法 ╱

$N+1$ が p_n よりも大きく、素数でないことは明らかだ。なぜならば、素数は先ほどすべて挙げたからだ（唯一の連続する2つの素数は2と3だけだ）。

$N+1$ は素数ではないので N との公約数があるはずだ。その約数を p_k とする。これは先に挙げた素数のどれかだ。p_k は N と $N+1$ の公約数であるから $(N+1)-N=1$ も割り切るはずだ。ところがそれはあり得ない。

したがって、素数が有限個であるという仮定は誤りであり、素数は無限にあるということになる。

この方法は、学校で数学に接したときから多くの人が知っている事柄の正当性を証明する比較的簡単なやり方だ。とはいえ、こうした概念に基づく証明に触れることはあまりない。

lecture

18 | ないがしろにされる 三角数

平方数は計算にも幾何学にもよく登場する。

計算という観点で言えば、平方数を作るには、自然数をとり、それ自身と掛け合わせれば良かった。幾何学的には、平方数とは *figure 1-4* のように正方形の形に並べた点だと理解できる。

figure 1-4　**平方数**

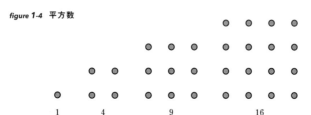

　平方数は数学でとても大切な役割を果たしている。なかでもとりわけよく知られたある方程式は、平方数だけで構成されている。それは、かの有名なピタゴラスの定理。そこに $a^2+b^2=c^2$ が登場する。

　数学を学んでいくにつれて、平方数との出合いは増えていくが、三角数と出合うことはめったにない。
　三角数という名前からお察しの通り、これは、*figure 1-5* に示すように正三角形の形に並べられる点の個数を示す数だ。

figure 1-5　**三角数**

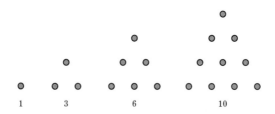

次に挙げるのは**10000**より小さい三角数のリストだ。

1, 3, 6, 10, 15, 21, 28, 36, 45, 55, 66, 78, 91, 105, 120, 136,
153, 171, 190, 210, 231, 253, 276, 300, 325, 351, 378, 406,
435, 465, 496, 528, 561, 595, 630, 666, 703, 741, 780, 820,
861, 903, 946, 990, 1035, 1081, 1128, 1176, 1225, 1275,
1326, 1378, 1431, 1485, 1540, 1596, 1653, 1711, 1770,
1830, 1891, 1953, 2016, 2080, 2145, 2211, 2278, 2346,
2415, 2485, 2556, 2628, 2701, 2775, 2850, 2926, 3003,
3081, 3160, 3240, 3321, 3403, 3486, 3570, 3655, 3741,
3828, 3916, 4005, 4095, 4186, 4278, 4371, 4465, 4560,
4656, 4753, 4851, 4950, 5050, 5151, 5253, 5356, 5460,
5565, 5671, 5778, 5886, 5995, 6105, 6216, 6328, 6441,
6555, 6670, 6786, 6903, 7021, 7140, 7260, 7381, 7503,
7626, 7750, 7875, 8001, 8128, 8256, 8385, 8515, 8646,
8778, 8911, 9045, 9180, 9316, 9453, 9591, 9730, 9870

おそらく、三角数（T_n）の特徴で何よりたやすく見いだせるのは、各三角数は**1**からnまでの連続する自然数の和であるということだ。以下に示す**7**番目までの三角数を見ればわかる通りだ。

$T_1 = 1$

$T_2 = 1 + 2 = 3$

$T_3 = 1 + 2 + 3 = 6$

$T_4 = 1 + 2 + 3 + 4 = 10$

$T_5 = 1 + 2 + 3 + 4 + 5 = 15$

$T_6 = 1 + 2 + 3 + 4 + 5 + 6 = 21$

$T_7 = 1 + 2 + 3 + 4 + 5 + 6 + 7 = 28$

一方、これらの三角数は等差級数に由来するので、n番目の三角数を求める公式は、

$T_n = \dfrac{n(n+1)}{2}$ という、すでに取りあげた公式からわかる。

これはほんの糸口にすぎず、ここから三角数はさまざまな性質を示してくれる。ではさっそく、三角数に備わる、じつに思いもよらない特有の性質を味わってみよう。

1. 任意の2つの連続する三角数の和は、平方数に等しい。以下の2つの例に見る通りだ。
$T_1 + T_2 = 1 + 3 = 4 = 2^2$
$T_5 + T_6 = 15 + 21 = 36 = 6^2$

2. 上述の三角数のリストを調べてみると、三角数の末尾は 2, 4, 7, 9 にはならないらしいことに気づく。これはすべての三角数に当てはまる。

3. 3は素数でもある唯一の三角数だ。これは先に示した三角数の例でもわかる。

4. 三角数に9を掛けて1を加えると、その結果、別の三角数になる。たとえば次の例に示す通りだ。
$9 \cdot T_3 + 1 = 9 \cdot 6 + 1 = 54 + 1 = 55$ となり、これは10番目の三角数だ。

ひと味ちがう計算方法 ┃

5. 1つ前の興味深い性質に類するもので、三角数に8を掛けて1を加えると、その結果は平方数になる。次の例でそれがわかる。$8 \cdot T_3 + 1 = 8 \cdot 6 + 1 = 48 + 1 = 49 = 7^2$ だ。

6. 1を先頭に、連続する n 個の立方数の和は n 番目の三角数の2乗に等しい。つまり、$T_n^2 = 1^3 + 2^3 + 3^3 + 4^3 + \cdots\cdots + n^3$ だ。例として、次のように、5番目の三角数に当てはめて考えてみよう。$T_5^2 = 1^3 + 2^3 + 3^3 + 4^3 + 5^3 = 1 + 8 + 27 + 64 + 125 = 225 = 15^2$ だ。

7. 三角数には回文数でもあるものがある（回文数とは、前から読んでも後ろから読んでも同じである数のこと）。小さいほうからいくつか挙げると、

1, 3, 6, 55, 66, 171, 595, 666, 3003, 5995, 8778, 15051, 66066, 617716, 828828, 1269621, 1680861, 3544453, 5073705, 5676765, 6295926, 35133153, 61477416, 178727871, 1264114621, 1634004361 といった具合だ。

8. 平方数でもある三角数は無限にある。小さいほうからいくつか挙げると、$1 = 1^2$, $36 = 6^2$, $1225 = 35^2$, $41616 = 204^2$, $1413721 = 1189^2$, $48024900 = 6930^2$, $1631432881 = 40391^2$ などがある。

これらの平方三角数は次のような公式から作れる。

$Q_n = 34 Q_{n-1} - Q_{n-2} + 2$ （ただし Q_n は n 番目の平方三角数を表す）

これら平方三角数に見られる興味深い特殊な性質は、偶数

の平方三角数はすべて 9 の倍数であるということだ。

9. 三角数のなかには、桁の数字の順を逆にすると、別の三角数になるものがある。小さいほうからいくつかを挙げると、1, 3, 6, 10, 55, 66, 120, 153, 171, 190, 300, 351, 595, 630, 666, 820, 3003, 5995, 8778, 15051, 17578, 66066, 87571, 156520, 180300, 185745, 547581 などがそうだ。

10. 三角数にまつわる興味深い話をさらに挙げよう。三角数の集合から、和と差も三角数であるような 2 つの元を選ぶことができる。ここにそうした三角数のペアの例を 2 つ挙げる。
$(15, 21)$ から、$21 - 15 = 6$、および $21 + 15 = 36$ となる。
6 も 36 もやはり三角数だ。
$(105, 171)$ から、$171 - 105 = 66$、および $105 + 171 = 276$ となり、66 も 276 もまた三角数だ。

11. 三角数の性質は、尽きることがないようだ。たとえば、3 つの連続する数の積として表せる三角数はたった 6 つしかない。それらは以下の通りだ。
$T_3 = 6 = 1 \cdot 2 \cdot 3$
$T_{15} = 120 = 4 \cdot 5 \cdot 6$
$T_{20} = 210 = 5 \cdot 6 \cdot 7$
$T_{44} = 990 = 9 \cdot 10 \cdot 11$
$T_{608} = 185136 = 56 \cdot 57 \cdot 58$
$T_{22736} = 258474216 = 636 \cdot 637 \cdot 638$。

なかでも $T_{15} = 120$ は、連続する3つの数の積でも、4つの数の積でも、5つの数の積でも表現できるという点で、特に「天分に富む」。この性質を持つ三角数はほかには見つかっていない。$T_{15} = 120 = 4 \cdot 5 \cdot 6 = 2 \cdot 3 \cdot 4 \cdot 5 = 1 \cdot 2 \cdot 3 \cdot 4 \cdot 5$ だ。

さらに、三角数のなかには2つの連続する数の積で表せるものもある。次の通りだ。

$T_3 = 6 = 2 \cdot 3$

$T_{20} = 210 = 14 \cdot 15$

$T_{119} = 7140 = 84 \cdot 85$

$T_{696} = 242556 = 492 \cdot 493$

12. 各桁の数字がすべて同じである三角数は6つしか存在しない。**1, 3, 6, 55, 66, 666** だ。

13. フィボナッチ数のなかで既知の三角数は、**1, 3, 21, 55** の4つだけだ。

14. 任意の正の整数を三角数の和として書くためには、三角数は3つまでで足りる。たとえば、小さいほうから10個の正の整数を見ると、次のように三角数の和として表現できる。

1

$2 = 1 + 1$

3

$4 = 1 + 3$

$5 = 1 + 1 + 3$

$$6$$
$$7 = 1 + 6$$
$$8 = 1 + 1 + 6$$
$$9 = 3 + 3 + 3$$
$$10 = 1 + 3 + 6$$

15. 1より大きい整数の4乗はどれも、2つの三角数の和だ。例を挙げよう。

$$2^4 = 16 = T_3 + T_4 = T_1 + T_5$$
$$3^4 = 81 = T_8 + T_9 = T_5 + T_{11}$$
$$4^4 = 256 = T_{15} + T_{16} = T_{11} + T_{19}$$
$$5^4 = 625 = T_{24} + T_{25} = T_{19} + T_{29}$$
$$6^4 = 1296 = T_{35} + T_{36} = T_{29} + T_{41}$$
$$7^4 = 2401 = T_{48} + T_{49} = T_{41} + T_{55}$$

16. 連続する9の累乗の和は三角数になる。次に示す最初の数例からわかる通りだ。

$$1 = T_1$$
$$1 + 9 = T_4$$
$$1 + 9 + 9^2 = T_{13}$$
$$1 + 9 + 9^2 + 9^3 = T_{40}$$
$$1 + 9 + 9^2 + 9^3 + 9^4 = T_{121}$$

17. 三角数に関する興味深いパターンをさらに以下に示す。どのようなパターンかは下付き文字を見れば一目瞭然だ。

$$T_1 + T_2 + T_3 = T_4$$

$$T_5 + T_6 + T_7 + T_8 = T_9 + T_{10}$$

$$T_{11} + T_{12} + T_{13} + T_{14} + T_{15} = T_{16} + T_{17} + T_{18}$$

$$T_{19} + T_{20} + T_{21} + T_{22} + T_{23} + T_{24} = T_{25} + T_{26} + T_{27} + T_{28}$$

lecture

19 | 完全な数とは?

　数学者が完全数と呼んできた数がある。その特徴は、その数が自身の真の約数（その数自身を除くすべての約数）の和に等しいということだ。最小の完全数は 6 だ。確かに、$6 = 1 + 2 + 3$ であり、6 は 6 自身を除くすべての約数の和となっている。

　完全数を小さいものからいくつか挙げると、$6, 28, 496, 8128$ といったものであり、どれもが三角数でもある。

完全数が持つ独特な性質の数々を調べる前に、ほかにも6の特殊性を調べてみるとおもしろい。たとえば、6は同じ3数の和であり積でもある唯一の数だ。さらに6に見られる珍しい特徴は、$6 = \sqrt{1^3 + 2^3 + 3^3}$ であることだ。

6に続く完全数は28だ。やはりそれが自身の真の約数の和（つまりその因数の和）と等しいことが示せる（$28 = 1 + 2 + 4 + 7 + 14$）。

さらに次の完全数を得るためにはうんと先に進まなくてはならない。その数は496だ。これが完全数なのは、真の約数の和と等しいから、つまり $496 = 1 + 2 + 4 + 8 + 16 + 31 + 62 + 124 + 248$ となるからだ。

初めの4つの完全数（6, 28, 496, 8128）は古代ギリシャ人も知っていた。そのほかの完全数を見つけるための定理を確立するという功績を挙げたとされているのは、ユークリッドだ。

ユークリッドは、整数 k に対して、$2^k - 1$ が素数であれば、$2^{k-1}(2^k - 1)$ は完全数であることを示したのだ。k にすべての値を入れる必要はない。なぜならば、k が合成数であれば、$2^k - 1$ も合成数だからだ。

完全数を作り出すためのユークリッドの方法を用いると、次のような表 *table 1-7* が得られる。

この表では、k の値に対して、$2^{k-1}(2^k - 1)$ は完全数であるが、それは 2^{k-1} が素数の場合に限る。

ひと味ちがう計算方法 ✓

table 1-7　ユークリッドの方法による完全数のリスト

番号	n	完全数	桁数	発見年
1	2	6	1	ギリシャ時代には既知
2	3	28	2	ギリシャ時代には既知
3	5	496	3	ギリシャ時代には既知
4	7	8128	4	ギリシャ時代には既知
5	13	33550336	8	1456
6	17	8589869056	10	1588
7	19	137438691328	12	1588
8	31	2305843008139952128	19	1772
9	61	265845599…953842176	37	1883
10	89	191561942…548169216	54	1911
11	107	131640364…783728128	65	1914
12	127	144740111…199152128	77	1876
13	521	235627234…555646976	314	1952
14	607	141053783…537328128	366	1952
15	1279	541625262…984291328	770	1952
16	2203	108925835…453782528	1327	1952
17	2281	994970543…139915776	1373	1952
18	3217	335708321…628525056	1937	1957
19	4253	182017490…133377536	2561	1961
20	4423	407672717…912534528	2663	1961
21	9689	114347317…429577216	5834	1963
22	9941	598885496…073496576	5985	1963
23	11213	395961321…691086336	6751	1963
24	19937	931144559…271942656	12003	1971
25	21701	100656497…141605376	13066	1978
26	23209	811537765…941666816	13973	1979
27	44497	365093519…031827456	26790	1979
28	86243	144145836…360406528	51924	1982
29	110503	136204582…603862528	66530	1988

30	132049	131451295…774550016	79502	1983
31	216091	278327459…840880128	130100	1985
32	756839	151616570…565731328	455663	1992
33	859433	838488226…416167936	517430	1994
34	1257787	849732889…118704128	757263	1996
35	1398269	331882354…723375616	841842	1996
36	2976221	194276425…174462976	1791864	1997
37	3021377	811686848…022457856	1819050	1998
38	6972593	955176030…123572736	4197919	1999
39	13466917	427764159…863021056	8107892	2001
40	20996011	793508909…206896128	12640858	2003
41	24036583	448233026…572950528	14471465	2004
42	25964951	746209841…791088128	15632458	2005
43	30402457	497437765…164704256	18304103	2005
44	32582657	775946855…577120256	19616714	2006
45	37156667	204534225…074480128	22370543	2008
46	42643801	144285057…377253376	25674127	2009
47	43112609	500767156…145378816	25956377	2008
48	57885161	169296395…270130176	34850340	2013

　表では、9番目以降の完全数は大きくて書ききれていないことにお気づきだろう。そこで、どれだけ大きいのかをみなさんに感じてもらうため、9番目の完全数をここに示そう。

2658455991569831744654692615953842176

　表にリストアップした完全数をよく見てみると、その特徴のいくつかに気づく。末尾の数字は必ず6か28で、その前の桁の数字は奇数であるようだ。

　また、これらの数は三角数でもあるようだ。ということは、次に示すような連続する自然数の和となっているはずだ。

$6 = 1 + 2 + 3$

$28 = 1 + 2 + 3 + 4 + 5 + 6 + 7$

$496 = 1 + 2 + 3 + 4 + \cdots\cdots + 28 + 29 + 30 + 31$

完全数には、ほかにも興味深いパターンがある。それは6よ
り大きい完全数を1つひとつ見ればわかる。

6より大きい完全数は、級数 $1^3 + 3^3 + 5^3 + 7^3 + 9^3 + 11^3 + \cdots\cdots$
の部分和として書けるのだ。初めのいくつかの例に対しては以下
の通りだ。

$28 = 1^3 + 3^3$

$496 = 1^3 + 3^3 + 5^3 + 7^3$

$8128 = 1^3 + 3^3 + 5^3 + 7^3 + 9^3 + 11^3 + 13^3 + 15^3$

志のある読者は、このあとの完全数を表す部分和も同じパター
ンにしたがっていることを示してみるのも良いだろう。これまでに
奇数である完全数は見つかっていない。コンピュータの力を借り
てさえもだ。

とはいえ、奇数の完全数は存在しないということが数学的に
証明されたわけではなく、存在する可能性は排除できない。

lecture

20 | 誤った一般化に注意!

パターンが一貫しているように見えるとき、一般化してみようと思うものだ。ところが、パターンがあるところまでは一貫していても、そのあとに矛盾が生じて崩れてしまうこともあり得る。

そのような例を1つ見てみよう。それは、1より大きい奇数はすべて2の累乗と素数の和として表せそうだ、というものだ。リストを見てみよう。

考え得る最も小さな数から調べ始めて先に進んでいくと、51まではパターン通りだ。

125まで進んでみても、パターンは一貫性を保っていてまだ問題ない。

この関係性が、127についても成り立つのかを確かめようとすると、そのパターンにはもはや当てはまっていないことに気づく。その後またパターン通りとなり、149まではつ

$$3 = 2^0 + 2$$
$$5 = 2^1 + 3$$
$$7 = 2^2 + 3$$
$$9 = 2^2 + 5$$
$$11 = 2^3 + 3$$
$$13 = 2^3 + 5$$
$$15 = 2^3 + 7$$
$$17 = 2^2 + 13$$
$$19 = 2^4 + 3$$
$$\vdots$$
$$51 = 2^5 + 19$$
$$\vdots$$
$$125 = 2^6 + 61$$
$$127 = ?$$
$$129 = 2^5 + 97$$
$$131 = 2^7 + 3$$

まずくことはない。

　この予想は当初、フランスの数学者アルフォンス・ド・ポリニャック（*1817年－1890年*）が考え得る「法則」として示した。ところが、**127, 149, 251, 331, 337, 373, 509**といった数字の場合につまずいてしまった。この予想に関しては、同じような不備が無数にあることがわかっている。**2999999**もその1つだ。

　すばらしいパターンを生み出すように見えて、あるところから先には拡張できない例としてほかに、次のような等式のリストを挙げておこう。これらの等式は、特定の数を1乗、2乗、3乗、4乗、5乗、6乗、7乗すると見いだせる。

table 1-8 一般化できそうなパターン

$1^0+13^0+28^0+70^0+82^0+124^0+139^0+151^0=$	$4^0+7^0+34^0+61^0+91^0+118^0+145^0+148^0$
$1^1+13^1+28^1+70^1+82^1+124^1+139^1+151^1=$	$4^1+7^1+34^1+61^1+91^1+118^1+145^1+148^1$
$1^2+13^2+28^2+70^2+82^2+124^2+139^2+151^2=$	$4^2+7^2+34^2+61^2+91^2+118^2+145^2+148^2$
$1^3+13^3+28^3+70^3+82^3+124^3+139^3+151^3=$	$4^3+7^3+34^3+61^3+91^3+118^3+145^3+148^3$
$1^4+13^4+28^4+70^4+82^4+124^4+139^4+151^4=$	$4^4+7^4+34^4+61^4+91^4+118^4+145^4+148^4$
$1^5+13^5+28^5+70^5+82^5+124^5+139^5+151^5=$	$4^5+7^5+34^5+61^5+91^5+118^5+145^5+148^5$
$1^6+13^6+28^6+70^6+82^6+124^6+139^6+151^6=$	$4^6+7^6+34^6+61^6+91^6+118^6+145^6+148^6$
$1^7+13^7+28^7+70^7+82^7+124^7+139^7+151^7=$	$4^7+7^7+34^7+61^7+91^7+118^7+145^7+148^7$

　この例から、自然数 *n* に対して次が成り立つはずだと結論づけてしまいがちだ。

$$1^n+13^n+28^n+70^n+82^n+124^n+139^n+151^n$$
$$=4^n+7^n+34^n+61^n+91^n+118^n+145^n+148^n$$

これらの値を *table 1-9* に示そう。

table 1-9 n=0から7までのときの値

n	和
0	8
1	608
2	70,076
3	8,953,712
4	1,199,473,412
5	165,113,501,168
6	23,123,818,467,476
7	3,276,429,220,606,352

このパターンは一般化できるのではないかと考えることだろう。しかし、$n=8$の場合を考えたときに、その誤りが露わになる。

$1^8 + 13^8 + 28^8 + 70^8 + 82^8 + 124^8 + 139^8 + 151^8$

$= 468150771944932292$

$4^8 + 7^8 + 34^8 + 61^8 + 91^8 + 118^8 + 145^8 + 148^8$

$= 468087218970647492$

これら2つの和の差をとると、

$468150771944932292 - 468087218970647492$

$= 63552974284800$ となる。

n が大きくなるにつれて、2つの和の差も大きくなる。$n=20$ に対し、その差は

$33883316877157370947944166500060343026048000$ だ。

この例から、次のようなことが言える。初めのほうの例をいくつか見てパターンが成り立つと単純に推定するのではなく、一般化と思われるものを証明することによって、こうした誤りを回避することが重要だ。

lecture 21 | フィボナッチ数の冒険

　数学全体を見渡したとき、あちこちに現れる数にフィボナッチ数がある。

　この数は『*Liber Abaci*（算盤の書）』と名づけられた書籍の第12章に登場する、兎の繁殖問題に由来する。この書籍は、現在ではフィボナッチという名で知られるピサのレオナルドが1202年に出版したものなのだ。

　指定された条件にしたがったとき、1年後には兎が何羽になっているのかを求めるというのが繁殖問題だ。月ごとに存在する兎の数を書き出すと、次のような数列が現れる。1, 1, 2, 3, 5, 8, 13, 21, 34, 55, 89, 144。この列をさっと見てみると、先頭の2項が1から始まり、以降の項はそれぞれ前の2項の和になっている。

　さて、この数列がそれほどの注目に値するものだろうかと思っているかもしれない。この数列の注目すべき側面としてまず、黄金比と見事に関連することが挙げられる（黄金比については第3章で説明する）。

　フィボナッチ数列内で隣り合う数の比を次々ととると、その値が黄金比にどんどん近づいていくのだ。次のリスト *table 1-10* に示

す通りだ（ここで、F_n は n 番目のフィボナッチ数を表すものとする）。

table 1-10　隣り合うフィボナッチ数の比

$\dfrac{F_{n+1}}{F_n}$	$\dfrac{F_n}{F_{n+1}}$
$\dfrac{1}{1} = 1.000000000$	$\dfrac{1}{1} = 1.000000000$
$\dfrac{2}{1} = 2.000000000$	$\dfrac{1}{2} = 0.500000000$
$\dfrac{3}{2} = 1.500000000$	$\dfrac{2}{3} = 0.666666667$
$\dfrac{5}{3} = 1.666666667$	$\dfrac{3}{5} = 0.600000000$
$\dfrac{8}{5} = 1.600000000$	$\dfrac{5}{8} = 0.625000000$
$\dfrac{13}{8} = 1.625000000$	$\dfrac{8}{13} = 0.615384615$
$\dfrac{21}{13} = 1.615384615$	$\dfrac{13}{21} = 0.619047619$
$\dfrac{34}{21} = 1.619047619$	$\dfrac{21}{34} = 0.617647059$
$\dfrac{55}{34} = 1.617647059$	$\dfrac{34}{55} = 0.618181818$
$\dfrac{89}{55} = 1.618181818$	$\dfrac{55}{89} = 0.617977528$
$\dfrac{144}{89} = 1.617977528$	$\dfrac{89}{144} = 0.618055556$
$\dfrac{233}{144} = 1.618055556$	$\dfrac{144}{233} = 0.618025751$
$\dfrac{377}{233} = 0.618025751$	$\dfrac{233}{377} = 0.618037135$
$\dfrac{610}{377} = 1.618037135$	$\dfrac{377}{610} = 0.618032787$

ひと味ちがう計算方法 | 1

　こうしたところから、フィボナッチ数（隣り合う数の比が黄金比に近づいていく数）は芸術や建築に関わり得るものとなる。さらに、フィボナッチ数は生物学に関係することも示せる。

　例を挙げよう。パイナップルの表面の螺旋を数えると一方向に螺旋が8本巻いており、そしてもう一方向には2種類の螺旋があり、片方は5本、もう片方は13本ある。言い換えると、パイナップルの螺旋の数はフィボナッチ数5、8、13で表される。どこにでもある松毬にも螺旋はあり、一方向に8本、もう一方向に13本ある。

　フィボナッチ数に関して興味深い事柄は尽きることがない。1963年にはフィボナッチ協会が設立され、数学者は専門誌『*Fibonacci Quarterly*（フィボナッチ・クォータリー）』を通じてフィボナッチ数に関する新しい発見を共有できるようになった。

　この専門誌は現在でも発行されている。たとえば、フィボナッチ数とピタゴラスの定理とは無関係に思えるかもしれない。ところが、驚くべきことがある。

　これから述べる手法にしたがえば、フィボナッチ数列の任意の連続する4数から、ピタゴラス数（式 $a^2+b^2=c^2$ を満たす3つの数）を作り出せることがわかるのだ。

　フィボナッチ数からピタゴラス数を作るためには、フィボナッチ数列から任意の連続する4数を選ぶ。たとえば、3、5、8、13のように。それから以下のルールを適用する。

1. 真ん中の2数を掛けて、その結果を2倍する。
　ここでは、5と8の積は40となる。これを2倍すれば80となる。これがピタゴラス数の1つ目となる。

2. 外側の2数を掛ける。

ここでは、3と13の積は39となる。これがピタゴラス数のもう1つの数だ。

3. 内側の2数の2乗を加えると、ピタゴラス数の3番目の数となる。

ここでは、$5^2 + 8^2 = 25 + 64 = 89$ だ。

こうしてピタゴラス数 (39, 80, 89) が得られた。

実際これがピタゴラス数であることは、

$39^2 + 80^2 = 1521 + 6400 = 7921 = 89^2$ を示せば証明できる。

ここで、ほかにもフィボナッチ数にまつわる、目を見張るような関係性のいくつかをちょっとした例を示しながら紹介しよう。

1. 任意の連続する10個のフィボナッチ数の和は11で割り切れる。

$11 \mid (F_n + F_{n+1} + F_{n+2} + \cdots\cdots + F_{n+8} + F_{n+9})$

たとえば、$5 + 8 + 13 + 21 + 34 + 55 + 89 + 144 + 233 + 377 = 979$ であり、これは $89 \cdot 11$ だ。

2. 任意の連続する2つのフィボナッチ数は互いに素、つまり最大公約数は1である。

3. 合成数番目 (非素数番目) のフィボナッチ数 (ただし4番目のフィボナッチ数は除く) は、やはり合成数 (非素数) である。別の言い方をすれば、n が素数でないならば、F_n は素数ではない (ただし、

$n \neq 4$）。4の場合を除くのは、1つの例外として、$F_4 = 3$ が素数だからだ。

4. 1番目から n 番目までのフィボナッチ数の和は、（$n+2$）番目のフィボナッチ数から1を引いたものに等しい。これは以下のように表現できる。

$$\sum_{i=1}^{n} F_i = F_1 + F_2 + F_3 + F_4 + \cdots + F_n = F_{n+2} - 1$$

たとえば、初めの9つのフィボナッチ数の和は

$$1 + 1 + 2 + 3 + 5 + 8 + 13 + 21 + 34 = 88 = 89 - 1$$

となる。

5. 1番目から n 個の連続する偶数番目のフィボナッチ数の和は、和を求めるフィボナッチ数のなかで最後の偶数番目のフィボナッチ数の次のフィボナッチ数よりも1小さい。これは記号を使って以下のように書ける。

$$\sum_{i=1}^{n} F_{2i} = F_2 + F_4 + F_6 + \cdots + F_{2n-2} + F_{2n} = F_{2n+1} - 1$$

たとえば、$1 + 3 + 8 + 21 + 55 + 144 = 232 = 233 - 1$ だ。

6. 1番目から n 個の連続する奇数番目のフィボナッチ数の和は、和を求めるフィボナッチ数のなかで最後の奇数番目のフィボナッチ数の次のフィボナッチ数に等しい。これは記号を使って以下のように書ける。

$$\sum_{i=1}^{n} F_{2i-1} = F_1 + F_3 + F_5 + \cdots + F_{2n-3} + F_{2n-1} = F_{2n}$$

たとえば、$1+2+5+13+34+89=144$ だ。

7. 元来のフィボナッチ数の2乗の和は、和を求めるフィボナッチ数のなかで最後のフィボナッチ数とその次のフィボナッチ数の積に等しい。記号で書けば以下の通りだ。

$$\sum_{i=1}^{n} (F_i)^2 = F_n F_{n+1}$$

たとえば、$1^2+1^2+2^2+3^2+5^2+8^2+13^2=273=13\cdot21$ だ。

8. 1つおきのフィボナッチ数2つ（間に数列内のほかの数が1つ挟まっている2つのフィボナッチ数）の2乗の差は、数列内での2数の位置を足した数の位置にあるフィボナッチ数に等しい。記号で書くと、$F_n{}^2 - F^2{}_{n-2} = F_{2n-2}$ となる。

たとえば、$13^2-5^2=169-25=144$ であり、これは7番目+5番目=12番目のフィボナッチ数だ。

9. 2つの連続するフィボナッチ数の2乗の和は、数列内での2数の位置を足した数の位置にあるフィボナッチ数に等しい。記号で書くと、$F_n{}^2 + F^2{}_{n+1} = F_{2n+1}$ となる。

たとえば、$8^2+13^2=233$ であり、これは6番目+7番目=13番目のフィボナッチ数だ。

10. 4つの連続するフィボナッチ数からなる任意の集合に対して、真ん中の2数の2乗の差は外側の2数の積に等しい。記号で書くと、$F^2_{n+1} - F_n^2 = F_{n-1} \cdot F_{n+2}$ のようになる。

4つの連続するフィボナッチ数 3, 5, 8, 13 を考える。このとき、$8^2 - 5^2 = 3 \cdot 13$ が成り立つ。

11. 1つおきのフィボナッチ数の2数の積は、2数の間にあるフィボナッチ数の2乗よりも1大きいか、1小さい。記号で書くと、$F_{n-1} \cdot F_{n+1} = F_n^2 + (-1)^n$ となる。n が偶数であれば積は1大きく、n が奇数であれば積は1小さい。

これは以下のように拡張できる。

選びだしたフィボナッチ数の2乗と、そのフィボナッチ数から等距離（この距離はさまざま）にある2つのフィボナッチ数の積との差は、別のフィボナッチ数の2乗に等しい。

$F_{n-k} F_{n+k} - F_n^2 = \pm F_k^2$（ただし $n \geq 1$、かつ $k \geq 1$）

12. フィボナッチ数 F_{mn} はフィボナッチ数 F_m で割り切れる（これを $F_m \mid F_{mn}$ と書き、「F_m は F_{mn} を割り切る」と読む）。

これはほかの見方もできる。p が q で割り切れるなら、F_p は F_q で割り切れる。記号で書くと、$q \mid p \Rightarrow F_q \mid F_p$（ただし m, n, p, q は正の整数）となる。

これを具体的に示すと以下の通りだ。

$F_1 \mid F_n$、つまり、

$1 \mid F_1, \ 1 \mid F_2, \ 1 \mid F_3, \ 1 \mid F_4, \ 1 \mid F_5, \ 1 \mid F_6, \cdots\cdots, \ 1 \mid F_n, \cdots\cdots$

$F_2 \mid F_{2n}$、つまり、

$1|F_2, 1|F_4, 1|F_6, 1|F_8, 1|F_{10}, 1|F_{12}, \cdots\cdots, 1|F_{2n}, \cdots\cdots$

$F_3|F_{3n}$、つまり、

$2|F_3, 2|F_6, 2|F_9, 2|F_{12}, 2|F_{15}, 2|F_{18}, \cdots\cdots, 2|F_{3n}, \cdots\cdots$

$F_4|F_{4n}$、つまり、

$3|F_4, 3|F_8, 3|F_{12}, 3|F_{16}, 3|F_{20}, 3|F_{24}, \cdots\cdots, 3|F_{4n}, \cdots\cdots$

$F_5|F_{5n}$、つまり、

$5|F_5, 5|F_{10}, 5|F_{15}, 5|F_{20}, 5|F_{25}, 5|F_{30}, \cdots\cdots, 5|F_{5n}, \cdots\cdots$

$F_6|F_{6n}$、つまり、

$8|F_6, 8|F_{12}, 8|F_{18}, 8|F_{24}, 8|F_{30}, 8|F_{36}, \cdots\cdots, 8|F_{6n}, \cdots\cdots$

$F_7|F_{7n}$、つまり、

$13|F_7, 13|F_{14}, 13|F_{21}, 13|F_{28}, 13|F_{35}, \cdots\cdots 13|F_{7n}, \cdots\cdots$

13. 連続するフィボナッチ数の積の和は、フィボナッチ数の2乗か、フィボナッチ数の2乗より1小さい。

記号で書くと次のようになる。

$$\sum_{i=2}^{n+1} F_i F_{i-1} = F_{n+1}{}^2 \,(\,n\text{が偶数の場合}\,)$$

$$\sum_{i=2}^{n+1} F_i F_{i-1} = F_{n+1}{}^2 - 1 \,(\,n\text{が偶数の場合}\,)$$

　このとりわけ重要であちこちでお目にかかる数列をごく簡単に紹介した。

　これをきっかけに読者のみなさんが、ほかにも無数にある例や応用について考えてみたいという気持ちになるなら幸いだ。フィボナッチ数についてもっと深く学びたい人には、*The Fabulous*

Fibonacci Numbers, by A. S. Posamentier and I. Lehmann *(Amherst, NY: Prometheus Books, 2007)* ［邦訳『不思議な数列フィボナッチの秘密』（松浦俊輔訳、日経BP社、2010年）］を情報源の1つとして紹介する。

25 24 23

26

27

28

2

29

30

第 2 章

日常の
中の
確率論

数学のカリキュラムのなかで少しずつ存在感を増してきているトピックが確率論だ。高等学校では、確率論は習ったとしても影はとても薄かった。

　なぜそうだったのかと思う人は多い。確率論のトピックには一層成熟し、精密な思考が必要だからなのだろうか?

　いずれにしても、もっと教えることができたはずだ。そして、教えていれば当時の生徒に数学上の価値ある経験をさせたであろう題材はたくさんある。

　まずは数学のなかでも重要な分野である確率論が始まった経緯を手短に述べよう。その後、よく知られている応用例をいくつか徹底的に調べる。

　そのなかには、とても信じられないものもあるだろう。けれどもそれは真実なのだ!

lecture

22 | 確率論の始まり

　確率論の口火を切ったのは、ギャンブルだ。17世紀、フランスの2人の有名な数学者ブレーズ・パスカル（1623年-1662年）とピエール・ド・フェルマー（1601年-1665年）は、硬貨投げに関連する問題に取り組んでいた。

　2人が考察していたゲームのプレイ方法は次のようなものだ。硬貨が表であればプレイヤー A が1点を獲得する。硬貨が裏であればプレイヤー B が1点を獲得する。そして、このゲームは、先に10点に達したプレイヤーが勝者となる。

　つまり、プレイヤー A がプレイヤー B より先に10点獲得すると、プレイヤー A の勝ちだ。2人の数学者が取り組んだ問題は、もしも勝者が決まる前にこのゲームを中断したら、2人のプレイヤーの間で賭け金をどのようにわけるべきか、というものだ。

　多く点を獲得したプレイヤーが多く金を受け取るべきであるのは明らかだ。とはいえ2人のプレイヤー間でどのような割合で金を分配するべきだろうか？

　獲得した点の割合に応じてわければ公平だろうか？

　もしも点が1対0だったらどうなるかを考えてみよう。その場合には片方のプレイヤーがすべての金を受け取り、もう片方のプレ

イヤーは少しも受け取れないことになるだろう。点数の差は最小だというのに。これは公平ではないように思える。

　ゲームが中断する時点で獲得していた点数に注目するのではなく、勝つために必要な点数である10点に到達するためにそれぞれがこれから取らねばならない点数に注目しても良い。つまり、中断後にゲームが完了すれば勝つであろう可能性に比例して金を分配しても良いということだ。

　プレイヤーAが7点、プレイヤーBが9点の時点でゲームが中断したとしよう。高々あと3回硬貨を投げれば勝者が決まる。その表裏の出方は次のうちのどれかだ。表表表、表表裏、表裏裏、裏表表、裏裏表、裏裏裏、表裏表、裏表裏。

　プレイヤーAが勝つためには表表表を出さなくてはならない。すなわち、8つの可能性のうちただ1つ、確率は $\frac{1}{8}$ だ。一方、プレイヤーBは残りの可能性のどれでも勝利するので、確率は $\frac{7}{8}$ だ。

　そこで、パスカルとフェルマーは、ゲームが中断した場合、その時点で金は1対7の割合でわけるべきだという結論にたどり着いた。

　これは確率論という分野を作りあげた最初の問題の1つに挙げられる。これがわかれば、確率論的思考を必要とする問題解決に通じるような考え方をいくらか理解できるようになる。

ベンフォードの法則で捏造をチェック

lecture
23

　確率論の初歩を勉強しているとき、ほぼ間違いなく、離散一様分布という概念に出合っている。この言葉は、考えられる結果が有限個である実験や観察を説明するために使われるのだが、それぞれの結果が同じように起こりやすい場合にだけ使える。もう少し数学的に表現するなら、起こり得る結果のそれぞれの確率が等しい場合である。

　さまざまな状況で確率的な事象に出合うことがある。たとえその分布が一様であると推測できたとしても、実際はそうではない場合がほとんどだ。それは、実生活上のデータに対しても、純粋に理論上の数の集合の多くに対しても言える。

　アメリカの物理学者フランク・アルバート・ベンフォード・Jr.（1883年－1948年）は、この驚くべき事実をいわゆるベンフォードの法則として明らかにした。それを詳しく見る前に、まずは一様な分布について復習しておこう。

　よく知られている例は硬貨投げだろう。表、または裏が出る見込みは五分五分。つまり、数学的な言葉で表現するなら、表が出る確率も裏が出る確率もともに $\frac{1}{2}$ に等しい。

そのほかの例にはサイコロ投げがある。この場合には、1から6までのどの数も出る確率は $\frac{1}{6}$ に等しい。あるいは、ルーレットであれば、小さなボールが0から36までの37種類の数のどれに落ちる可能性も $\frac{1}{37}$（ダブルゼロも含む盤でプレイしているなら $\frac{1}{38}$）に等しい。

　この概念の原型がギャンブルの世界から来ているというのは驚くには値しないはずだ。何しろ「運のゲーム」と言うからには、すべての結果が同様に確からしいべきで、少なくとも理想的には、スキルや操作が関係してはならない。

　現代確率論は金融や医療や政治を始めとするさまざまな世界に無数の用途がありながらも、歴史的に見ればすべてそのような考えまでさかのぼることができる。

　興味深いことに、ある状況から得られる分布が実際に完全に一様であるかは必ずしも判断しやすいものではない。だからこそ、次のような魅力的な事例に巡り合える。

　2桁の数（10から99まで）を考えて、そのなかから無作為に1つの数を選ぶとしてみよう。ある特定の数字、たとえば4がその数の先頭桁の数字である確率はいくらだろうか？

　それは単純に数えて判断できる。グループのなかに先頭桁の数字が1である数字は10個あり（もちろん10から19までの数のこと）、先頭桁の数字が2である数字は10個ある（20から29）、といった具合だ。

　これはまた先頭の桁の数字が4の場合も同じで、40から49までの10個の数がこの性質を持つ。つまり、無作為に選んだ数字が4で始まる確率は $\frac{10}{90}$、すなわち $\frac{1}{9}$ に等しいということだ。

このように、このグループから無作為に選んだ数の先頭桁の数字が1から9までの各数字である確率は、$\frac{1}{9}$に等しい。

次に、すべての3桁の数（100から999まで）の集合から無作為に数を1つ取り出す場合に同じ問題を考えてみよう。ここでも、先頭桁の数字として考えられる1から9までの各数字に対する確率は$\frac{1}{9}$に等しい。先頭の桁が特定の数字である3桁の数は、900個の数のなかに合わせて100個あるからだ（たとえば、400から499までの100個の数はどれも先頭桁が4）。

同様の議論は、すべての4桁の数の集合に対しても、すべての5桁の数の集合に対しても、それ以上の桁数の数についても成り立っている。

これがすべての1桁の数の集合に対しても言えるのは明らかだ（その場合には各数がそれ自身の先頭桁の数字だ）。だから、ある数を最大桁数とするすべての（もちろん正の整）数の集合（たとえば最大4桁のすべての数の集合とするなら、考え得るのは1桁か2桁か3桁か4桁）から、先頭桁の数字が1から9までのどれか特定の数字である数を選ぶ確率は、必ず$\frac{1}{9}$であることがわかる。したがって、これは離散的一様分布（つまり対称的な確率分布）だ。

ここで、特定の数字が先頭桁にくる確率は常に均等に分布していて、それゆえに数の集合が十分に大きければ少なくともおおよそ$\frac{1}{9}$に等しい、と一足飛びに判断するのは、安易（なおかつ誤り）だ。

すべての正の整数の集合から選ぼうとする場合ならその正当性を支持する強力な論拠があるのだが、ある制限つきの集合か

ら数を選ぶ場合には、たとえその集合が非常に大きいものであろうとも、正しいとは言えない。

正しいとは言えない集合としてわかりやすい例は、本のページ番号の集合だろう。ページ数が200で、1から200まで連続した番号が振られている本があるとしよう。

この本のページ番号の半分以上が数字の1で始まり、だから先頭の桁が1である確率は $\frac{1}{2}$ より大きく、間違いなく $\frac{1}{9}$ よりはるかに大きいことはすぐにわかる。

じつのところ、この事例では、1で始まるページ番号が111個、2で始まるページ番号が12個、そのほかの（もちろん0を除く）各数字で始まるページ番号がそれぞれ11個ある。この場合、確率分布は一様どころではない。

もしも選ぶ元とする集合が十分に大きいのであれば、確率はやはり等しい状態に極めて近づくのだろうと思うかもしれない。けれどもここでベンフォードの法則の出番だ。

もしも数の集合が非常に大きくて、ある具体的な意味（電話代の請求書、出生率、物理定数、山などの高さといったもの）に基づいて得られるものなら、確率は先頭桁の数字が小さいほうが高くなりがちだ。

先頭桁が1である確率は約30パーセント、それから数字が大きくなるにつれてパーセンテージは低くなる。先頭桁が9の確率はたった約5パーセントだ。実際、確率は公式 $\log_{10}\left(1+\frac{1}{d}\right)$（各桁数字 $d \in \{1, 2, 3, 4, 5, 6, 7, 8, 9\}$）から得られる値に近づく。

興味深いのは、この法則は理論的に作った数、たとえば2のべき乗、フィボナッチ数、階乗などからなる集合の多くに対して

成り立つことだ。

　この不思議な事象について完璧な論拠を示すのは簡単ではない。それでも基本的な考え方は先に挙げたページ番号の例と深く関わりがある。ものを数えるときに、連続する数には結果的にすべての数字が等しい頻度で使われることになる。

　ところが、先頭桁の数字は例外だ。言うまでもなくゼロは決して先頭桁にはなり得ない。ここで、ほかの桁の数字と比べたときの違いがさっそく出てくる。

　さらに、ものを数えるときに先頭桁の数字が変わるのは（27、28、29、30、31、32、……のように）1つ手前の桁から繰り上がりがある場合だけだ。そしてそのような繰り上がりによって新しく桁が増えると必ず、しばらくは1が続く。たとえば、初めの999個の数を数え、997、998、999、1000、……に達したら、次の1000個の数はすべて数字1で始まる。

　ベンフォードの法則は、数からなる大きな集合で、ある意味に基づいて作られたものがどれほど「本物」であるのかを判断するのにとても有効だ。

　この法則は、電話番号や社会保障番号やそのほかの口座番号のようなものの一覧と、コンピュータでランダムに生成した数の一覧を区別するのに特に有効である。

　数字を単純に数えれば、均等に分布しているのか、あるいはベンフォードの法則で予測される通りに現れているのかがわかる。

　この法則を使った説得力のある論拠によって、たとえば、不

正選挙（一般的に引き合いに出される例は2009年のイランでの選挙）、あるいは粉飾された財政データ（これに関連して頻繁に持ち出される例は、ユーロ圏に加盟するためにギリシャ政府が示したデータ）といった問題の証拠が挙がった。

　もちろんそういった議論は決定的なものではないが、それらを効果的に利用して、捏造されたデータに対する疑惑を一層深めることができるのは間違いない。

日常の中の確率論 | 𝓍

lecture 24 | 誕生日をめぐる驚き

　幸いにも確率論のトピックは現在、学校の授業でも一層注目を集めるようになりつつある。ほとんどの結果は直観的に論理に適っている（たとえば、硬貨を投げて表が出る確率は $\frac{1}{2}$、サイコロを投げて2の目が出る確率は $\frac{1}{6}$ など）。

　それから、宝くじに当たる確率がかなり低いこともよく知られている。それでも、確率論という分野における結果のなかにはかなり直観に反するものもある。

　ここである状況を紹介しよう。これは数学のなかでも特に意外性のある結果の1つである。

　確率論の「力」をまだ十分理解してはいないのだということをこの上なく思い知らされる。くれぐれも、この例に接して自分の直観を一切信じられなくなってしまわないように。

　みなさんが35人の人と一緒にある部屋にいるとしよう。そのなかの2人の誕生日（月と日だけ）が同じである可能性（すなわち確率）はどのくらいだと思うだろうか。

　直観的には（閏年でないとして）365日の選択肢のなかから2人の誕生日が同じである見込みについてまず考えるだろう。ひょっ

115

とすると 365 分の 2 なのだろうか？

　だとすると確率は $\dfrac{2}{365} = .005479 \approx 0.5\%$ となるだろう。たいして見込みはない。

　アメリカ合衆国の初代から第 35 代大統領までという「無作為に」選んだグループを考えよう。驚くかもしれないが、誕生日が同じ人が 2 人いる。第 11 代大統領、ジェームズ・K・ポーク（1795年11月2日）と第 29 代大統領、ウォレン・G・ハーディング（1865年11月2日）だ。

　35 人のグループに対して、2 人のメンバーの誕生日が同じである確率が 10 分の 8、つまり 80％ よりも大きいと知って意外に思うだろう。

　みなさんも機会があるなら、30 人ほどのメンバーからなるグループを 10 グループ選んで自分自身で実験に取り組み、日付の一致を調べてみると良い。

　30 人のグループなら、一致する確率は 10 分の 7 より大きい。別の捉え方をすると、こうした 10 グループのうち 7 グループでは誕生日の一致が見られるはずなのだ。この信じ難く予測に反する結果はどうして生じるのか？　これは正しいのだろうか？　どうも直観に反するように思える。

　知りたいと思うみなさんの気持ちを満たすために、その状況を数学的に精査してみよう。35 人の生徒がいるクラスを考える。生徒を 1 人選ぶとその生徒自身の誕生日と一致する確率はどのくらいだと思うだろうか？

　明らかに確実なこと、つまり 1 だ。これは $\dfrac{365}{365}$ と書ける。

日常の中の確率論 | *2*

　別の生徒の誕生日が1人目の生徒の誕生日と一致しない確率は $\frac{365-1}{365}=\frac{364}{365}$ だ。

　3人目の生徒の誕生日が1人目、および2人目の生徒の誕生日と一致しない確率は $\frac{365-2}{365}=\frac{363}{365}$ だ。

　35人の生徒の誰もが、誕生日が一致しない確率は、これらの確率の積であり、

$$p = \frac{365}{365} \cdot \frac{365-1}{365} \cdot \frac{365-2}{365} \cdots\cdots \frac{365-34}{365}$$

となる。

　グループ内に誕生日が同じである生徒が2人いるか、グループ内に誕生日が同じである生徒がまったくいないか、必ずどちらかが言える。つまり、それぞれの事象の確率を q、p とするとそれらの和は1となる。こうして、$p+q=1$ となる。

　この場合、

$$q = 1 - \frac{365}{365} \cdot \frac{365-1}{365} \cdot \frac{365-2}{365} \cdots\cdots \frac{365-33}{365} \cdot \frac{365-34}{365}$$

$$\approx .8143832388747152$$

だ。

　言い換えると、無作為に選んだ35人からなるグループで、誕生日の一致が見つかる確率は $\frac{8}{10}$ よりいくらか多い。選ぶべき元が365日であることを考えれば、これはかなり予想外だ。意欲をお持ちなら、確率関数の性質を詳しく調べてみたいと思うだろう。ここで、役に立つ値をいくつか示しておこう。

115

table 2-1　グループ内の人数と誕生日が一致する確率

グループ内の人数	誕生日が一致する確率
10	.1169481777110776
15	.2529013197636863
20	.4114383835805799
25	.5686997039694639
30	.7063162427192686
35	.8143832388747152
40	.891231809817949
45	.9409758994657749
50	.9703735795779884
55	.9862622888164461
60	.994122660865348
65	.9976831073124921
70	.9991595759651571

「ほとんど確からしい」に、すぐに達することに注意してほしい。表から、部屋に約55人の生徒がいれば、2人の生徒の誕生日が同じなのはほぼ確実（99パーセント）であることがわかる。

初代から第35代大統領までの死亡日についても調べてみれば、2人が3月8日に（ミラード・フィルモアが1874年、ウィリアム・H・タフトが1930年）、3人が7月4日に（ジョン・アダムズと、トマス・ジェファーソンが1826年、ジェームズ・モンローが1831年）亡くなったことがわかるだろう。

後者の事例から自分自身の死を自らの意志で選べるのかもしれないと主張する者までいる。というのもこの3人の大統領はアメリカ合衆国の歴史上最も尊ぶべき日（7月4日はアメリカの独立記念日）に亡くなっているのだから！

日常の中の確率論

lecture 25 | 直観に反する モンティ・ホール 問題

　前セクションでは、確率論の結果のなかにはかなり直観に反するものがあることがわかった。ここでは、確率論のなかでまたも私たちの直観に挑み、激しい議論を呼ぶ問題を紹介しよう。

　確率論分野にはとてもよく知られた問題がある。新聞や雑誌で非常に根強い人気があるこの問題は、その話題だけに的を絞った本が少なくとも1冊はあるくらいだ。確率論の概念を理解することの意味を深めてくれる反直観的な例の1つと言える。

　この例はテレビで長く放送されているゲームショー番組『Let's Make a Deal』を元にしている。この番組が目玉としているのは、かなり好奇心をそそられるも解決困難な局面だ。この番組を簡潔化した形で見てみよう。

　番組の一環として、観覧者から無作為に選ばれた1人がステージに迎えられる。ステージ上には3つの扉があり、選ばれた挑戦者はどれか1つを選択するように求められる。

　選びたいのは、開ければ自動車が控えている扉だ。間違っても、そのほかの、自動車ではなくてロバが控えている2つの扉のどちらかではない。挑戦者が選んだ扉を開けてそこに自動車があればそれは挑戦者のものになる。

ところが、扉を選ぶまでのプロセスに大きな山場がある。挑戦者が初めに扉を選んだあと、番組の司会者モンティ・ホールは2頭のロバのうちどちらかを披露する。選ばれなかった扉の向こうにいるものだ。それでもなお2つの扉、つまり挑戦者が選んだ扉ともう1つの扉は開かれないままだ。

　挑戦者は初めに選んだ扉（まだ開かれていない）のままにするか、もう1つの開かれていない扉に変えるかと問われる。この時点で、宙ぶらりんな状態をあおろうとほかの観覧者はおそらくだいたい同じ頻度で「ステイ（そのまま）」や「スイッチ（変える）」と口々に叫ぶ。

　問題はここだ。どうすべきなのだろうか？　違いはあるのか？違いがあるならここで取るべきより良い（つまり、勝つ確率がより高い）戦略はどちらだろうか？

　直観的に、多くの人はどちらも変わらないと言う。というのも、まだ開かれていない扉は2つあり、そのうちの片方には自動車が、もう片方にはロバが隠れている。だから、挑戦者が初めに選んだ扉を開ければ自動車がある可能性は、もう1つの開かれていない扉を開けて自動車がある可能性と同じで、五分五分だと考える人が多いのだ。

　この全体状況を段階的なプロセスとして見てみよう。そうすると正しい答えが明らかになるはずだ。3つの扉の向こうには2頭のロバ、1台の自動車が控えている。挑戦者は自動車を手に入れるべく挑まなくてはならない。

　3番扉を選ぶとしよう。簡単な確率論の考え方から、自動車が3番扉の向こうにある確率は$\frac{1}{3}$であるとわかる。だから、自動

車が1番扉か2番扉の向こうにある確率は$\frac{2}{3}$となる。先に進むに当たりこれを頭に入れておくのが重要だ。

figure 2-1 自動車が控えている扉は1つだけ

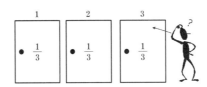

このとき司会者のモンティ・ホールは、自動車がどこに隠れているのかを知った上で、挑戦者が選ばなかった2つの扉のうち片方を開け、ロバを見せる。

挑戦者が3番扉を選び、モンティが（ロバの隠れている）2番扉を開けたとしよう。選ばれずに残っていた2つの扉、つまり1番扉、2番扉のどちらか片方に自動車が隠れている確率は$\frac{2}{3}$であることを心に留めておこう。

figure 2-2 2番扉にはロバが控えていた

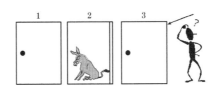

それからモンティは挑戦者に尋ねる。「初めに選んだ扉にしておきますか、それとも、もう1つの閉じてある扉に変えたいですか?」 思い出してみよう。先に述べたように、自動車が1番扉の向こうにある確率と2番扉の向こうにある確率を合わせると$\frac{2}{3}$になる。ここで2番扉には自動車が隠されていないことが明らかになっているので、自動車が1番扉の向こうにある確率はなおも$\frac{2}{3}$だ。

一方で、自動車が3番扉、つまり挑戦者が最初に選んだ扉の向こうにある確率は、依然としてたった$\frac{1}{3}$であることも覚えている。だから、挑戦者に有利な論理的判断は1番扉に変えるというものだ。

この問題は学界に多くの議論を引き起こした。そして『ニューヨーク・タイムズ』紙やほかの大衆向けの出版物での議論のテーマにもなった。サイエンスライターのジョン・ティアニーは『ニューヨーク・タイムズ』紙(1991年7月21日、日曜日付)に以下のように記した。

　　　もしかするとただの幻想かもしれませんが、ここしばらくはようやく決着が見えてきたかもしれないと思われました。何の決着かと言えば、数学者と、『Parade』誌の読者と、テレビのゲーム番組『Let's Make a Deal』のファンの間で盛んに行なわれている論争の決着です。
　　　この論争が始まったのは去年の9月、マリリン・ヴォス・サヴァントがとある難問を『Parade』誌に掲載したときでした。彼女のコラム「Ask Marilyn」(マリリンに尋ねよう)の

読者は毎週そのコラム欄で目にしていることですが、ヴォス・サヴァント氏は"もっとも高い *IQ*"を持つ人物としてギネスブックの殿堂に名を連ねています。
　　ただ、読者からの次のような質問に彼女が答えたとき、その肩書がものを言って、人々がみな感服するということはありませんでした。

　サヴァントの答えは正しかったけれど、なおも多くの数学者が異議を唱えたのだ。
　これはとてもおもしろくて受けが良い問題であるけれども、ともかくも肝心なのはそのなかに込められているメッセージを理解することだ。そして、確率論を理解しやすくするだけではなく、一層楽しめるものにするために、ぜひとも学校の授業の一環として取りあげておくべきだった。

lecture 26 | 金貨? 銀貨? ベルトランの箱

　モンティ・ホールパラドックスがどうにかわかったなら、ベルトランの箱というとてもよく似た（じつは数学的には同等の）問題に挑戦してみるのも良いだろう。

　この問題は、フランスの数学者ジョセフ・ベルトラン（1822年－1900年）にちなんで名づけられている。初めて発表されたのは1889年だったが、確率論に対する理解をさらに深めるきっかけになるだろう。

　みなさんの目の前に3つの箱があると考えてほしい。1つの箱には金貨が2枚、もう1つには銀貨が2枚、3つ目には金貨と銀貨が1枚ずつ入っている。みなさんは、3つの箱から1つを無作為に選び、選んだ箱のなかを見ないで硬貨を1枚取り出すよう求められている。

　テーブルの上にその硬貨を置いてみると金貨だ。このとき、選んだ箱のなかにあるもう1枚の硬貨がやはり金貨である確率はいくらか?

　見たところあまりに簡単で、まったく問題にならないように思える。考え得る金貨の数と銀貨の数はまったく同じだから、状況は完

全に対称的なのではないか？　つまり、確率は50％でなくては
ならないということなのでは？

　いいや、違う。そうではないのだ！

　モンティ・ホールパラドックスについて少々考えたことがすでに
あれば、もうわかりきっているかもしれない。じつのところ、この
状況は完全に対称なわけではない。というのも、自分が選んだ
最初の硬貨が金貨であるという情報を得ているからだ。

　この観点から見れば、箱のなかにある2枚目の硬貨が同じく
金貨である確率はもしかしたら50パーセントに満たないとさえ言
えるかもしれない。

　その一方で、金貨が入っている箱は2つあるので、選んだ箱
はそのうちの片方であることがわかる。それらの箱の片方には2
枚目の金貨が、もう片方には銀貨が入っている。だからやはり
50％なのだろうか？

　結論から言うと、箱のなかのもう1枚の硬貨も金貨である確
率はじつのところ $\frac{2}{3}$ だ。これを確かめる方法はいくつかある。

　2枚目の硬貨が金貨である確率は、それが銀貨である確率よ
りも高いというのが理に適っていることを示そう。

　そのための最も簡単な方法は、ゲームを何度も、たとえば300
万回行なうとどうなるのかを考えてみることだ。

　ゲームごとに1つ箱を選ぶ。3つのうちどれも選ぶ可能性は等
しいので、各箱を約100万回選ぶと予測する。

　2枚の銀貨が入っている箱を選んだなら、テーブルの上に出
す硬貨は間違いなく金貨ではない。2枚の金貨が入っている箱

を選んだなら、テーブルの上の硬貨は間違いなく金貨だ。最後に、「交ざった」箱を選んだなら、選ばれる硬貨は半分の場合に金貨だろう。

ということは、テーブルの上の硬貨が金貨であるのは150万回、つまり金貨－金貨の箱を選んだ100万回と、交ざった箱を選んだ100万回のうちの半分の回数だ。これらの150万回のうち、もう1枚の硬貨が金貨なのは100万回、すなわち金貨－金貨の箱を選んだすべての場合だ。

これは150万回のうち100万回だから、$\frac{2}{3}$の場合に起きる。

まだご不満だって？　では何が起きているのかをさらに細かく理解するために別のやり方で説明しよう。

figure 2-3　ベルトランの箱の状況

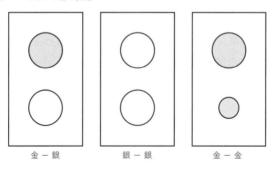

figure 2-3 では、長方形で3つの箱を表した。金貨は影つきの円で、銀貨は白い円で示した。金貨と金貨が入っている箱には異なる大きさの2枚の硬貨、つまり、大きな金貨と小さな金貨が

入っていることに注意しよう。

　さて、少し違う方法で問題の条件を考えてみよう。初めに箱を選び、次にその選んだ箱のなかから無作為に硬貨を選ぶのではなく、6枚の硬貨のなかから無作為にどれかをただ選べば良い。

　この準備のステップを経て、選ばれた硬貨は金貨だとわかった上で、それがもう1枚の金貨と同じ箱に入っていた確率を考える。

　もちろん、この方法で状況を見るならば、初めから考え得る硬貨は各タイプとも3枚あるので、銀貨や金貨を選ぶ可能性は等しい。

　金貨を選んだのはわかっている。考えられる硬貨のなかに金貨は3枚ある。1枚は銀貨と一緒に箱に入っているものだ。1枚は金貨－金貨の箱に入っている大きな金貨、1枚は金貨－金貨の箱に入っている小さな金貨だ。

　これら3枚の金貨のうち、1枚だけが銀貨とペアになっている。ほかの2枚はそれぞれ金貨と組み合わさっている（小さな金貨と大きな金貨、大きな金貨と小さな金貨）。したがって、選ばれた金貨が箱のなかでもう1枚の金貨と組み合わさっていた確率はやはり $\frac{2}{3}$ だとみなされる。

　最後に極めて有力な方法として、条件付き確率に基づいた手順で考えることもできる。

　硬貨が金貨－金貨の箱から選ばれたという仮定の下で、テーブルの上に出す硬貨が金貨である確率を $P($金貨$|$金貨－金貨$)$ で表し、硬貨が交ざった箱から選ばれたという仮定の下で、テー

ブルの上に出す硬貨が金貨である確率を $P($ 金貨 | 混合 $)$ で表し、さらに、銀貨－銀貨の箱から硬貨が選ばれたという仮定の下で、テーブルの上に出す硬貨が金貨である確率を $P($ 金貨 | 銀貨－銀貨 $)$ で表すことにする。

　するとベイズの定理より、以下の式が言える。この定理を初めて示したのは、イギリスの統計学者トマス・ベイズ（1702年－1761年）だ。

$$\frac{P(\text{金貨} \mid \text{金貨－金貨})}{P(\text{金貨} \mid \text{金貨－金貨}) + P(\text{金貨} \mid \text{混合}) + P(\text{金貨} \mid \text{銀貨－銀貨})}$$

$$= \frac{1}{1 + \frac{1}{2} + 0} = \frac{2}{3}$$

　つまり、目に触れた金貨が金貨－金貨の箱から選ばれ、したがって別の金貨と組み合わさっている確率は、またも $\frac{2}{3}$ に等しいと考えられる。

　こうした考え方に触れると、確率論に対するみなさんの理解もきっと深まるはずだ。

日常の中の確率論 | ₂

lecture 27 | 陽性＝病気?

　学校で確率論や統計学について学んでいたとき、その基本的概念を実際に適用することについて考える機会はきっとあっただろう。

　数学における数々のすばらしい分野をすべて考慮しても、確率論や統計学は日常生活で一番よく出合うトピックなのかもしれない。私たちの日々の振る舞いにとって大切な大量のデータは、日々の新聞での円グラフでも、小数第3位まで示した地元チームのプレイヤーの打率でも、パーセンテージで表した（その日に雨が降る見込みのような）何かの発生確率でも、どんな形であろうとも要約した統計的形式で私たちの目の前に現れる。

　複雑なデータをほんの数個の数字に簡略化するといくらか情報が失われるというのは驚くべきことではないのかもしれない。とはいえ、そのような統計的情報を私たちがどう捉えているのかを調べてみると、たいそう驚くことになり得る。

　そのような驚きの一例が、いわゆる偽陽性のパラドックスだ。確率を不正確に解釈したせいで生じるこの反直観的な結果は、典型的に、病気の検査に関する議論に現れる。だから、ここでもやはりそのような背景で考えよう。

129

みなさんが定期健康診断を受けに医者のところに行こうとしていて、診断の1つがある病気の検査であると考えてほしい。その病気を B 熱と呼ぶことにする。

最近開発された検査は、B 熱への感染を判定するものとしてはこれまでのところ最も信頼性が高く、99パーセント正確である。

1週間後に検査結果を受け取り、陽性だと告げられる。この時点でよくある（ただし、これから見るように、数で裏づけられるものではない）反応は、最悪の事態を想定することだ。何と言おうと、その検査は99パーセント正確なのだ。だからつまりは B 熱である可能性は99パーセントだ……。

じつは、そうではない。この数字の意味をもっとよく考えてみよう。検査が99パーセント正確であると述べるとき、じつのところ、あまり厳密な言い方をしているわけではない。

病気に罹っているすべての人のうち99パーセントが病気であると診断される（したがって1パーセントは、たとえ病気に罹っていても病気でないと診断される、いわゆる偽陰性）ということだろうか？

それとも、健康な人すべてのうち99パーセントが正しく診断されるということだろうか？

あるいはどちらもなのか？

物事を少々簡潔にするために、ここではこれらの仮定のどちらも正しいとしよう（実際にこの種の検査について、これらの数字は一般的に同じではないことに注意してほしい。偽陽性の割合は、多くの場合に偽陰性の割合とは異なる）。

だからここでは、検査を受けたすべての人のうち99パーセントは正しい結果を受け取り、1パーセントは誤った結果を受け取る

日 常 の 中 の 確 率 論 | 2

と仮定する。

すると、検査で陽性だった人の99パーセントが、実際にB熱に感染しているであろうということも意味するのは明らかのように思える。

その直観が正しくないことを確認するために、仮想的な母集団を考え、その数を詳しく調べてみよう。たとえば、10万人に対してB熱の検査をしていると仮定する。

実際に感染している人数に関して何らかの仮定が必要だ。母集団全体の0.1パーセントが実際にB熱に罹っていると仮定しよう。つまり、10万人のうちの0.1パーセントの100人がB熱に罹っている。残りの$100000 - 100 = 99900$人はB熱に罹っていない。

するとこれらの仮定から、以下の表にあるようなデータが得られる。

table 2-2　仮想的な母集団での検査結果

	検査結果陽性	検査結果陰性	合計
B熱に感染している	99	1	100
感染していない	999	98901	99900
合計	1098	98902	100000

検査を受けた母集団のなかで100人の感染者のうち、99人は検査で陽性、1人は検査で陰性だ。というのも検査が99パーセント正確だからだ。

ところが、99900人の健康な人たちのうち1パーセントも検査結果は陽性だ。ということは、99900人の1パーセント、つまり

131

999 人の健康な人たちが検査で陽性となる。だから、99900 −
999 ＝ 98901 人の人たちが陰性だ。

　これらの数を加えると、99 ＋ 999 ＝ 1098 人が検査で陽性となる。
陽性だったすべての人のうち、わずか $\frac{1098}{99} ≈ 9.02$ パーセントが
実際に B 熱に罹っているということになる。

　言い換えると、みなさんがたとえ検査で陽性であっても、なお
も約 100 − 9.02 ＝ 90.98 パーセントの確率で感染していない。こ
れは、単純に仮定した 1 パーセントからはかけ離れている。

　じつは、母集団全体のなかに感染が広まっている範囲が狭い
ほど、陽性反応が実際の感染を示している可能性は低くなる。
もし母集団の 0.01 パーセントだけが感染しているなら、先ほどの
パーセンテージは $\frac{99}{99 + 9999} ≈ 1$ パーセントまで下がる（これらの数
字は、検査を受けた母集団を100万人として、上記と同じように考えれば出てくる）。

　たとえ検査で陽性であっても、実際に感染しているとはかなり
考えにくいことがわかる。比較的稀なことの場合には特にそうだ。

　だから、このような状況ではより多くの検査が必要となる。も
ちろん、立て続けに 2 度も偽陽性である可能性ははるかに低い
ので、2 回目の検査を受ければ実際の状況についてもっと正確
に理解できるようになるだろう。

　他方で、検査で陰性である場合、感染していない見込みは
極めて高い。ここでも先ほど検査を受けた母集団を使って数を
見てみよう。

　検査で陰性の結果を受け取った 98902 人のうち、98901 人は
実際には感染していない。検査で陰性だった人が実際には感染
していない確率は、したがって、$\frac{98901}{98902} ≈ 99.999$ パーセントに等

しい。

これはとても高い確率であり、統計的な方法で得られる範囲では確実なことに近い。

これらの数のいくぶん驚くべき振る舞いは条件付き確率によく見られる。そのような値を扱うには多少慣れが必要で、こうした事柄に対処するときに何らかの精神的な落とし穴に嵌らないように慎重になる必要がある。

lecture 28 | パスカルの三角形と確率の関係

数字を三角形に並べる方法のなかでもとりわけ有名なものの1つといえば、パスカルの三角形だろう（フランスの数学者ブレーズ・パスカル（1623年－1662年）にちなんで名づけられている）。

二項定理や確率論に関連づけて紹介されることが多かったかもしれないが、ほかの分野との関係でも興味深い性質がたくさ

んある。それらを利用すれば数学に対する理解を深められるだろう。

まずは、どのようにして数をこうした三角形に並べるのかを見てみよう。始めは1から。そしてその下に1、1。それから以降の行は、初めと終わりが1で、行内のほかの数は右上と左上の2数を加えて得る。このパターンに従うと、以下のようになる。

$$
\begin{array}{ccccccc}
& & & 1 & & & \\
& & 1 & & 1 & & \\
& 1 & & 2 & & 1 & \\
1 & & 3 & & 3 & & 1
\end{array}
$$

このパターンで次の行まで続けると

1−(1+3)−(3+3)−(3+1)−1、つまり1−4−6−4−1

となる。

パスカルの三角形のさらに大きなものを *figure 2-4* に示す。

確率論では、パスカルの三角形はコイントスから出てくる *table 2-3* 。

パスカルの三角形がずば抜けてすぐれているのは、数学の多くの分野と関わっていることだ。特に、パスカルの三角形にはいくつもの数の関係性が登場する。それを純粋に味わうために、ここでいくつかの数を考えてみたい。

パスカルの三角形で行内に並ぶ数の和は、2のべき乗になっている *figure 2-5* 。

日常の中の確率論 | 2

figure 2-4　パスカルの三角形

```
                            1
                        1       1
                    1       2       1
                1       3       3       1
            1       4       6       4       1
        1       5       10      10      5       1
        1       6       15      20      15      6       1
    1       7       21      35      35      21      7       1
    1       8       28      56      70      56      28      8       1
1       9       36      84     126     126      84      36      9       1
1   10      45     120     210     252     210     120      45      10      1
```

table 2-3　**表（おもて）の出方の並べ方**

硬貨の枚数	表（おもて）の数	並べ方の数
1枚	表1枚	1
	表0枚	1
2枚	表2枚	1
	表1枚	2
	表0枚	1
3枚	表3枚	1
	表2枚	3
	表1枚	3
	表0枚	1
4枚	表4枚	1
	表3枚	4
	表2枚	6
	表1枚	4
	表0枚	1

135

*figure 2-*5　各行の和

$$1 = 2^0 = 1$$
$$1 + 1 = 2^1 = 2$$
$$1 + 2 + 1 = 2^2 = 4$$
$$1 + 3 + 3 + 1 = 2^3 = 8$$
$$1 + 4 + 6 + 4 + 1 = 2^4 = 16$$
$$1 + 5 + 10 + 10 + 5 + 1 = 2^5 = 32$$
$$1 + 6 + 15 + 20 + 15 + 6 + 1 = 2^6 = 64$$
$$1 + 7 + 21 + 35 + 35 + 21 + 7 + 1 = 2^7 = 128$$

*figure 2-*6 で、各行を、行に並ぶ数を桁数字とする1つの数(たとえば、1、11、121、1331、14641など)と考えると(6行目以降は数字をまとめる必要があるものの)、それらは11のべき乗、つまり11^0, 11^1, 11^2, 11^3, 11^4であることがわかる。

*figure 2-*6　パスカルの三角形の中の11のべき乗

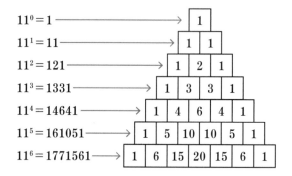

figure **2-7** に記した直線の左側の斜めの経路は自然数を示している。それから、直線の右側には（直線に平行に）三角数 **1, 3, 6, 10, 15, 21, 28, 36, 45**, ……があるのに気づくだろう。

パスカルの三角形を見れば、自然数の和から三角数が得られることに気づくはずだ。つまり、あるところまでの自然数の和は、加えられる最後の数の右下にある数を見るだけでわかる（たとえば、1から7までの自然数の和は7の右下にある。つまり和は28だとわかる）。

figure **2-7** パスカルの三角形の中の自然数・三角数

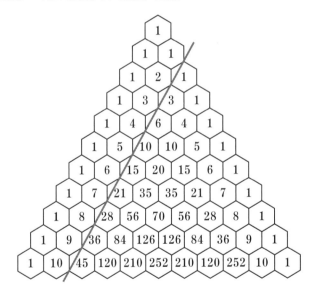

平方数は連続する三角数として書き込まれている。$1+3=4$、$3+6=9$、$6+10=16$、$10+15=25$、$15+21=36$といった形だ。

4つ1組となって平方数も見つかる。それはみなさんに見いだ

してもらうために残しておくが、ここに1つヒントを示す。1+2+3+3=9、3+3+6+4=16、6+4+10+5=25、10+5+15+6=36といった具合になる。

figure 2-8 のパスカルの三角形では、示してある直線に沿って数を加えてみると、フィボナッチ数1, 1, 2, 3, 5, 8, 13, 21, 34, 55, 89, 144, ……が並んでいたことに気づく。

パスカルの三角形にはもっとたくさんの数が組み込まれている。五角数1, 5, 12, 22, 35, 51, 70, 92, 117, 145, ……を探してみても良いだろう。芝地は肥沃だ。このように数を三角形に並べるとそのなかにはもっとたくさんの宝物が見つけきれないほどある！

figure 2-8 パスカルの三角形の中のフィボナッチ数

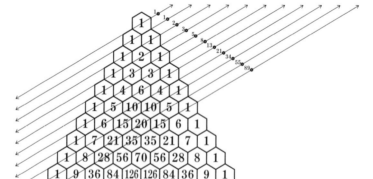

日常の中の確率論 | *2*

lecture 29 | かき混ぜないで カフェオレを 作るには

「ランダムウォーク」という言葉を初めて導入したのは、イギリスの数学者カール・ピアソン（1857年 − 1936年）だ。

ランダムウォークは気体中の分子の運動、株式価格の変動をはじめとして、何らかの見かけ上の、または真のランダム性を伴う多くのプロセスを説明するために用いられる数学的モデルだ。

最も単純な（1次元）ランダムウォークとしては、プレイヤー（ウォーカー）が初期位置 0 から出発して動くたびに 1 歩前に進む（+1）か 1 歩後ろに下がる（−1）かの必要があるというゲームを思い描くと良い。

2 つの選択肢しかなく、ウォーカーは無作為に、たとえば硬貨を投げて、選ばなくてはならない。もしも表が出たら 1 歩前進しなくてはならず、裏が出たら 1 歩下がるのが決まりだ。どちらの結果も起きる確率は等しい。

n 回動いた後のウォーカーの位置はなんらかの整数に対応する。それを $X(n)$ と表す。確率論では、これを離散型確率変数と呼ぶ。離散型というのは整数値しかとらないからであり、確率というのは $X(n)$ の値が偶然（硬貨の表や裏がそれぞれ何回出るか）による変動に従うからだ。

139

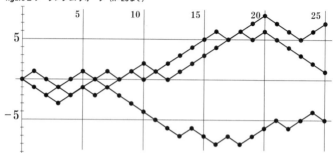

figure 2-9 ランダムウォーク (n=25まで)

上述の1次元ランダムウォークの3つの例が、*figure 2-9* に示してある。ここで水平座標は進んだステップ数、垂直座標は $X(n)$、つまり出発点を元にしたウォーカーの位置に対応する。

これらの例を見ると、「ウォーカーは、n 回動いた後、平均して出発点からどれくらい離れているのか？」と問いたくなる。

確率論では、確率変数の平均値を期待値と呼び、通常は E で表す。$X(n)$ の期待値は $E[X(n)]$ と書く。

するとこれは、n ステップのランダムウォークを何度も繰り返した場合の $X(n)$ の長期的な平均と考えることができる。

figure 2-9 に示したような、25歩のランダムウォークを3回繰り返した場合の $X(25)$ の算術平均は $\frac{7+1-5}{3}=1$ のように計算できる。

同じ実験を100回、1000回と繰り返したら何がわかるだろうか？なるほど、ウォーカーは動くたびに前にも後ろにも等しく移動し得るので、平均して1歩も進まないと見込まなくてはならない。つまりは任意の n に対して $E[X(n)]=0$ だ。ところが、だからといって、$X(n)=0$ がランダムウォーク実験の結果として最もありがちだということではない。

$n=1$ の場合を考えてみよう。このときランダムウォーク全体はたった 1 回の動きだけからなる。1 歩前に進むか後ろに下がるかしかあり得ない。

だから考えられる結果は $X(1)=1$、および $X(1)=-1$ だけだ。

とはいえ実験をたびたび繰り返すと、どちらの結果も同じ頻度で起きるだろう。したがって、平均値 (期待値) はゼロ、つまり $E[X(1)]=0$ であり、先に述べた通りだ。

期待値は実験を多く繰り返したときの平均的な結果を表している。必ずしも最も起こりやすい結果ではないのだ。

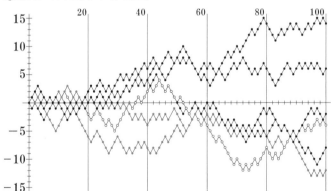

figure 2-10 ランダムウォーク (n=100まで)

figure 2-10 では $n=100$ で、前に進む確率も後ろに下がる確率も等しいようなランダムウォークを 6 回行なった結果を示している。

記入された経路を見ると、出発点への距離は取るステップ数に従って長くなるという印象がある。この距離は絶対値 $|X(n)|$ で与えられる。実数 x の絶対値 $|x|$ はその符号を考慮しない x

の非負の値であることを思い出そう。たとえば $|-1| = 1$ だ。

$|X(n)|$ が本当に n とともに増えるのかどうかを知るためには、その期待値 $E[|X(n)|]$ を計算しなくてはならない。この目的のために、簡潔ながら重要な観察を行なう。

ウォーカーは位置 $X(n)$ から、$X(n)+1$、もしくは $X(n)-1$ へと進まなくてはならない。だから、$X(n+1)$ と $X(n)$ の間に考えられる関係は

$$X(n+1) = X(n) + 1$$
$$X(n+1) = X(n) - 1$$

だけだ。

両方の式を2乗すると

$$X(n+1)^2 = X(n)^2 + 2X(n) + 1$$
$$X(n+1)^2 = X(n)^2 - 2X(n) + 1$$

となる。

どちらの可能性も等しく見込みがあり、独立したステップで十分多くの回数だけ行なえばどちらも半分ずつ起きるだろう。

そのため、平均に関して、$X(n+1)^2$ は両方の変化の算術平均、つまり $X(n)^2+1$ であると考えるのが妥当だ。だから、$E[X(n+1)^2] = E[X(n)^2+1]$ であり。これは $E[X(n)^2]+1$ に等しい。

つまり、$X(n)$ の2乗の期待値はステップごとに1だけ増えるという意味だ。すでに $X(1) = \pm 1$ であることはわかっており、ゆえに $X(1)^2 = 1$ となり、これは $E[X(1)^2] = 1$ も意味する。

$X(n)^2$ の期待値はステップが1つ増えるごとに1だけ増えるので、$E[X(2)^2] = 2$、$E[X(3)^2] = 3$ のようになり、これを $E[X(n)^2] = n$

として1つの公式で書くことができる。

ところが、ここで関心を向けているのは距離自体なので、平方根をとらねばならず、$E[|X(n)|] = \sqrt{n}$ という簡潔ながらも驚くべき結果を得る。

ステップの大きさが1の n ステップのランダムウォークに対して、n ステップ後に予測できる出発点からの距離は n の平方根に等しい。任意のステップの大きさ s に対して、予測できる距離は s の $\sqrt{n}$ 倍だろう。

結論として、*figure 2-10* に記してある図は誤解を生むようなものではなかった。そして「平均的なランダムウォーカー」は実際にステップ数が増えるにつれて原点から離れるであろう。

もっと厳密に言うと、n ステップ後、ウォーカーは原点から距離 $\sqrt{n}$ のところにいることが予測できる。これが重要な結果であるのは、ランダムな変動だけでも株価を著しく増減させるのに事足りるということを示すからだ。

さらに、気体や液体中の粒子のランダムな運動は3次元のランダムウォークとして説明でき、ここで得た結果からそうしたプロセスに典型的に見られる特徴が明らかになる。水を張ったバスタブに微小な粒子が落ちると、粒子は初期位置から移動し、平均して出発点から経過時間の平方根に比例した距離だけ離れる。言い換えると、熱による分子のランダムな動き（ブラウン運動と呼ばれる）のおかげで、液体に溶ける粒子は最終的に均一な分布になるだろう。

カフェオレをかき混ぜる必要はない。もしも十分に待てるのなら。

lecture 30 | ジョーカーが ポーカーを 壊す!?

　ポーカーをする人なら、ハンドの序列をご存じだろう。フルハウスはストレートより強く、ストレートはスリー・オブ・ア・カインドよりも強く、スリー・オブ・ア・カインドはワン・ペアよりも強い。

　確率論の初歩の知識をほんの少しでも持っている人なら、ハンドの序列は、ランダムシャッフルしてからそれらのハンドが配られる確率によって決まるであろうことはすぐにわかるはずだ。

　通常のポーカーのゲームの場合にはそれは確かに正しい。ところが、仲間内で気楽にプレイする場合によくあるように、ゲームにワイルドカードを取り入れると、何とそのような特性を持つ序列を決められないということになるから驚きだ。

　先に述べた通り、確率論の原点は賭け事を追求しようという流れのなかでの、相手よりも優位に立ちたいという果てしない思いにある（ブレーズ・パスカルとピエール・ド・フェルマーが、のちに現代確率論の基本的概念に繋がる考え方をめぐってやりとりをしていたのと変わらない）。

　まず間違いなく、現代のカジノで一番人気のゲームはポーカーだ。トッププレイヤーはテレビに出演し名が知られることになる。多くの人にとって、このゲームには抗えない魅力がある。それはひょっとすると、ゲーム自体よりも賭けをするというプロセスの心

日常の中の確率論 | *2*

理的側面のほうがカギとなるのかもしれない。

　初めに述べたように、ポーカーのハンドのバリューの順序は、標準的な52枚のカードからなる組でプレイする場合には、ハンドの確率から決まる。標準的な序列は、最高から最低まで

　　──ロイヤル・フラッシュ
　　　──ストレート・フラッシュ
　　　　──フォー・オブ・ア・カインド
　　　　　──フルハウス
　　　　　　──フラッシュ
　　　　　　　──ストレート
　　　　　　　　──スリー・オブ・ア・カインド
　　　　　　　　　──ツー・ペア
　　　　　　　　　　──ワン・ペア
　　　　　　　　　　　──ノー・ペア

となる。

（本書では、読者のみなさんはこれらの用語に慣れているものと仮定するので注意してほしい。もしも慣れていなくても、よろこんで説明してくれる人、あるいはすべての定義が載っているウェブサイトが簡単に見つかるだろう。
ただし、何らかの賭け事のウェブサイトに引きずり込まれてしまわないように！）

　各ハンドの確率を求めるために、まずは考えられるポーカーのハンドの総数が、52枚のカードの組から5枚のカードを選ぶ方法の数に等しいことに注目しなくてはならない。

　これは通常、二項係数 $\binom{52}{5}$ として書き表すことが可能で、2598960、つまりおおよそ260万通りとなる。これらのうちの4通りがロイヤル・フラッシュなのだから（各スートに1通り）ロイヤル・フラッシュの確率は約260万分の4、つまり0.000001539だ。

145

ほかのハンドの確率を求める計算はもう少しややこしいが、ハンドのバリューが高いほど、必ずその確率が低くなるというのは確かだ。

しかし、先程触れたように、ワイルドカードをゲームに導入すれば、バリューと確率の間の対応が成り立たなくなる。うまく対応づけることができないのだ。

娯楽としてポーカーをする人（もちろんプロではない）の多くはカードの組にワイルドカードを加えてプレイするのを好む。そうすると、バリューの高いハンドに恵まれるチャンスが増える気がするからだ。このようなワイルドカードになり得るのは、通常1組のカードに2枚含まれているジョーカー（通常の52枚のカードではなく54枚のカードでプレイすることになる）、あるいはすでに含まれているカード（たとえば2をワイルドカードとしてプレイする人もいる）だ。

みなさん自身がワイルドカードを加えてゲームをしたいと思う人だとしたら、その確率論的結果を少し考えてみると、その後はワイルドカードに対する態度を考え直したくなるだろう。

ワイルドカードを含めると、ハンドの出現確率が変わるのはすぐにわかる。たとえば、52枚のカードからなる組に2枚のジョーカーを加えると、考え得るハンドの数は $\binom{54}{5}$（これは3162510に等しい）に変わる。

そしてそのために考えられるすべてのハンドの確率に間違いなく影響が及ぶ。というのも、確率はすべてハンドの総数に依存するからだ。2をワイルドカードと決めても、52枚の組のなかから5枚のカードを選ぶ方法はなおも $\binom{52}{5}$ 通りあるという意味では考え得るハンドの数は変わらない。ところが、プレイヤーはワイ

ルドカードを手元に持っておけばそのバリューを決められるので、各種ハンドの考え得る数が変わる。

さらに、ワイルドカードを含めるというのはすなわち、通常の状況下では考えられないバリューの高いハンド、すなわち、ファイブ・オブ・ア・カインドが新たに導入されることになる。これは、一般的に最もバリューの高いハンドだとされている。というのもロイヤル・フラッシュよりもさらに稀だからだ。考慮すべきハンドの種類が1つ増えたことで、考え得るハンドそれぞれの相対的確率はこの新たなハンドに影響されることになる。

ワイルドカードを導入することについて驚くべき点は、結果として生じる確率に相応するハンドの序列を決められないという事実にある。ハンドのバリューをどう決めたとしても、ハンド*B*よりランクが高く、同時に確率もハンド*B*よりも高いハンド*A*が必ず存在するのである。

これは、ハンドのランクが高ければ、プレイヤーは必然的にランクがより高いそのハンドになるようにワイルドカードを決めることになるという事実の帰結だ。

するとそのハンドが出現する確率が上がる。どのようにしてそうなるのかを確かめるために、次のような例を考えよう。

たとえば以下のようなハンドを考える。

5♥   6◆   7♥   ジョーカー   ジョーカー

これはプレイヤーの選択次第で、(ジョーカーを9、8とみなすと)9

ハイストレート、（ジョーカーをそれぞれ3と4、または4と8とすると）**7**ハイ
ストレートまたは**8**ハイストレート、あるいは（7を3つ、または6を3つ、
または5を3つとすると）スリー・オブ・ア・カインドとしてプレイできる。
もしくは、ツー・ペアやワン・ペアとしてプレイする方法はたくさ
んあるし、はたまた（たとえば1枚のジョーカーを9、もう1枚を10とすると）
ノー・ペアとしてもプレイできる。

　2枚のワイルドカードを手元に持っていると、だいぶ裁量の余
地がある。とはいえワイルドカードは**1**枚だけでも、数々の影響
があるのがわかる。次のようなハンドを考えよう。

　5♥　　　**6♦**　　　**7♥**　　　**7♠**　　　ジョーカー

　ジョーカーをもう**1**つの**7**とみなすと、スリー・オブ・ア・カイ
ンドになり得るし、あるいは、ジョーカーを**5**または**6**とみなすと、
ツー・ペアにもなる（ジョーカーをまったく有利にならないように決めるとい
う選択肢は無視する）。ではどこが難問だというのだろうか？

　まず、スリー・オブ・ア・カインドはツー・ペアよりもランクが
高いと仮定しよう。ワイルドカードなしの通常のカードの場合に
標準的な序列通りだ。

　この場合、プレイヤーはバリューが高くなる選択肢を取り、ス
リー・オブ・ア・カインドとみなすだろう。この場合に、このよう
なハンドは常にスリー・オブ・ア・カインドとしてみなされ、
3162510にも及ぶ考え得るハンドのなかからスリー・オブ・ア・
カインドの「価値」がある**5**枚を選ぶ組み合わせの数を引きあ
げる。実際の計算はかなり複雑だ。でも、二項係数に関する知

識を少し持っている関心の高い読者ならきっとできる。

この観点から、実際に（130000に満たない）ツー・ペアのハンドよりもっと多くの（230000を上回る）スリー・オブ・ア・カインドのハンドがあることがわかる。これは、バリューの高いハンドほど稀だという基本的概念に相反する。

それに対し、ハンドの序列を決め直して、ツー・ペアのほうがスリー・オブ・ア・カインドよりも一層価値があるとすると仮定しよう。この場合には（上記のようなカードが手元にあれば）プレイヤーは必ずジョーカーを6とみなし、7のペア、および6のペアを揃えるだろう。

そして、おわかりになるだろうか、このように決めるとまたも、まさに望ましくない事態が起きる。こうした順序づけは、スリー・オブ・ア・カインドの「価値」のある（60000に満たない）ハンドよりも、ツー・ペアの「価値」があるハンドのほうがもっとたくさん（300000を上回って）あることを意味する。

そして私たちはまたも、高ランク（この場合はツー・ペア）のハンドが低ランクのハンド（スリー・オブ・ア・カインド）よりもよく起こるという状況に直面する。

じつのところ、ポーカーのカードの組に何らかのワイルドカードを導入すれば、とても多くの矛盾にさらされるということがわかる。これがワイルドカードパラドックスだ。

これがわかると、ワイルドカードを入れて賭け事をし続けて良いのかどうか考え直してみようという気にさせられるのではないだろうか？

第3章

代数に
翻訳
すると

31

32

33

学生時代に、とりわけ代数で、何を教わったか振り返ってみてほしい。与えられた式を計算する機械的手順やアルゴリズムをひたすら習った、と思う人が多いのではないだろうか。ところが、代数には、学校ではほとんど取りあげられないながらも味わうべきところがたっぷりある。代数という手段で数学的概念を説明することができるし、それらの概念は証明に使えたり、正当性の根拠となったりする。

　いずれにしても、学校の授業でそのように代数を活用する機会がもっと増えるなら、数学をとても楽しくておもしろいものだと感じられるはずだ。

　本章では、代数を利用することで、ある考え方をどのように説明できるのか、ある概念の意義をいかに深められるのかを明らかにしていきたい。

　また、学校ではおそらく習わない、数学という枠の内でも外でもとても有益な手法もいくつか説明しよう。

lecture

31 代数を使って カラクリを暴く

　残念なことに、代数はより高度な数学を追求するために必要な機械的手順だと思われている節がある。しかし、シンプルで無駄のない代数の力を借りれば、かなり込み入った推論の問題をきっちり解決できることがある。

　次のような問題を考えてみよう。みなさんは暗い部屋でテーブルについている。テーブルの上には1セント硬貨が12枚ある。そのうちの5枚は表、7枚は裏が見えている。ここで硬貨を交ぜ、それから2つにわけて5枚の山と7枚の山を作る。

　部屋は暗いので自分が触れている硬貨が表向きなのか裏向きなのかはわからない。次に5枚の山の硬貨をひっくり返す。

　部屋を明るくしてみると、表を向いている硬貨の枚数はどちらの山も同じだ。

　どうしてこんなことになるのだろうか?

　まずは「まさかそんな!」、「どの硬貨が表を向き、どれが裏を向いているのかわかりもしないでそんなことができるだろうか?」となる。実際に12枚の硬貨を使って、これが本当かどうか試しても良いだろう。

153

状況を分析するためには、非常に巧み（ながらもごく簡潔）に代数を使うことが解決に向けたカギになる。では、代数に何ができるのかを説明しよう。

もう一度、問題をおさらいする。まず、12枚の硬貨をテーブルの上に置く。5枚が表向き、7枚が裏向きになるようにだ。それから（裏か表かを見ないで）無作為に5枚の硬貨を選んで山を1つ作り、残りの7枚でもう1つ山を作る。

暗い室内で硬貨をわけると、h枚の表が7枚の山に入る。するともう1つの5枚の山には$5-h$枚の表と$5-(5-h)$枚の裏が入る。小さいほうの山の硬貨をすべてひっくり返す。

$5-h$枚の表が裏に、$5-(5-h)$枚の裏が表になる。これで、どちらの山で表の数を数えてもh枚だ！

この一例からわかるように、代数は問題解決に役に立つ。そしてなにより、おもしろいし驚かせてもくれる！

代数に翻訳すると | *3*

lecture 32 | どうして ゼロで割っては ダメなのか

　ゼロで割り算をしてはいけない。数学の先生からこう言われたことがきっとあるはずだ。ゼロでの割り算は「定義されていない」のであって、ゼロでの割り算を回避する限り数学は整合性を保てる。それにしても、どうしてゼロで割ってはならないのだろうか?

　ゼロでの割り算は、どうしてこれほどまでに罪深いのか?

　次の式を考えてみよう。$a+b=c$。これに代数的操作をしていく。まず、両辺から c を引き、$a+b-c=0$ とする。

　ここで両辺に 3 を掛ける。ただし、0 には何を掛けても 0 であることに注意。$3(a+b-c)=3\cdot 0=0$ だ。

　3 の代わりにほかの数を使ってもこれと同じことができる。たとえば 4 ならば、$4(a+b-c)=4\cdot 0=0$ だ。

　ここまでは良し。では、1 つわかりやすい等式を書き出してみよう。$0=0$ だ。

　今取りあげた式はどちらも 0 に等しいのだから、$3(a+b-c)=4(a+b-c)$ のように等号で結べる。

　両辺に同じ因数 $a+b-c$ がある。だからここで両辺を共通因数で割って簡約する。その結果は $3=4$ だ。これはあり得ない!

　いったい何が起きたのか?　もっと言えば、$3=4$ に限らず、同

155

じステップを踏むとどんな数でも、その数以外のどの数にも等しいことが示せる。言うまでもなく、これはすべて間違いだ！　どこに誤りがあっただろうか？

　方程式の両辺を $a+b-c$ で割ったことだ。$a+b-c=0$ であることに注意してほしい。つまりはゼロで割り算をしていたということだ。

　ゼロで割り算をすると $3=4$ のような無意味な結果を導くことになる。ゼロでの割り算を禁じる正当な理由はここにある。

　この点を強調するために持ち出せる例はほかにもある。以下の通りだ。

　まず $a=b$ とする。

　この等式の両辺に a をかけて、$a^2=ab$ とする。

　次にこの等式の両辺から b^2 を引き、$a^2-b^2=ab-b^2$ とする。

　これは次のように因数分解できる。

$(a+b)(a-b)=b(a-b)$

　両辺を $(a-b)$ で割ると、$a+b=b$ となる。

　一方、$a=b$ なので、代入すると $2b=b$ となる。

　ここで両辺を b で割ると、$2=1$ などというあり得ない結果が出る。

　どうしてこうなったのかはもうわかるだろう。等式の両辺を $(a-b)$ で割った時点で、実際にはゼロでの割り算をしていた。思い出してほしい。$a=b$ だ。

　数学でゼロでの割り算がご法度である理由がわかっただろうか。

代数に翻訳すると | *3*

lecture

33 無理数であることをどう示す?

　有理数ではない数、つまり2つの整数の商の形で書き表せない数が存在することは誰もが知っている。そのような数を無理数という。

　2の平方根は、無理数の例としておそらく最もよく取りあげられる数だ。ほかになじみのある例は、$\pi = 3.1415926\cdots\cdots$、オイラー数 $e = 2.7182818\cdots\cdots$ だ。それにしても、これらの数が無理数だとどうしてわかるのだろうか?

　$\sqrt{2}$ が無理数であることは、ピタゴラス学派の人たちがすでに発見しており、言い伝えによれば、彼らはこの発見を秘密にしたがったという。

　しかし、秘密は長くは守られなかった。ピタゴラス学派の一員であるメタポンティオンのヒッパソス（紀元前5世紀頃）はこの秘密の知識を漏らし、その咎で、海で溺死させられたと言われている。

　$\sqrt{2}$ が有理数にはなり得ないことを示すとても巧みな推論がある。高度な数学はまったく必要ないが、論理的なひねりがある。だからこの推論に初めて触れるのなら理解するのに少し時間がかかるかもしれない。数学的にはこの種の推論を背理法と呼ぶ。

　$\sqrt{2}$ が有理数でないことを証明するからくりは、$\sqrt{2}$ が有理数

157

であると仮定し、演繹的推論を用いてその仮定が論理的矛盾を導くことを示すというものだ。

$\sqrt{2}$ が有理数であるという仮定から矛盾が生じるので、その仮定は誤りに違いなく、したがって、$\sqrt{2}$ は有理数にはなり得ない、というのが証明の流れだ。

では証明しよう。$\sqrt{2} = \dfrac{p}{q}$ と仮定する（ただし $\dfrac{p}{q}$ は既約分数、つまり最も単純な形に約分した分数）。方程式の両辺に q を掛けて2乗すると $2q^2 = p^2$ となる。

ここから p^2 は偶数であることが言える。そして p^2 が偶数ならば、p もやはり偶数でなくてはならない（というのも、もしも p が奇数なら p^2 も奇数だからだ。これは簡単にわかる）。

だから、ある正の整数 k によって $p = 2k$ と表すことで、p を偶数の形で表現できる。

p のこの値を先の方程式に代入すると、$2q^2 = 4k^2$、したがって $q^2 = 2k^2$ となる。

するとここから q^2 も偶数であると言える。先ほどの話をそのまま繰り返せば、q もまた偶数でなくてはならない。しかし、p も q も偶数ならば $\dfrac{p}{q}$ は既約分数ではない！

ところがこれは、$\sqrt{2} = \dfrac{p}{q}$（ただし $\dfrac{p}{q}$ は既約分数、つまり最も簡単な形に約分してある分数）という当初の仮定に矛盾する。この仮定が矛盾を導いたのだから、論理的に元々の仮定が誤りだったに違いないとわかる。ゆえに $\sqrt{2}$ は既約分数として表すことはできず、したがって有理数ではない。つまり、無理数だ。

この証明手順をおさらいして理解を深めておくと良いだろう。いったん理解したならば、その簡潔さを享受し、論理的推論の

力を実感することだろう。

　また、$\sqrt{2}$ が無理数であることの「幾何学的証明」もある。これはアメリカの数学者スタンリー・テネンバウム（1927年 − 2005年）が見いだしたものだ。推論の筋道は、先の証明と同様ではあるが、異なる見方を提示している。

　この証明の出だしはまったく同じように、$\sqrt{2}=\dfrac{p}{q}$ 、したがって $2q^2=p^2$ である最小の正の整数 p、q が存在するということを仮定する。幾何学的な言い方をすれば、方程式 $2q^2=p^2$ は、1辺が p の正方形の面積は1辺が q の正方形の面積のちょうど2倍であるという意味だ。

　そして仮定より、その方程式を満たす整数を辺の長さとする正方形でさらに小さいものはない。ここで1辺が q の正方形を2つ、1辺が p の正方形のなかに書いてみよう。**figure 3-1** の通りだ。

　1辺が q で影つきの正方形2つの面積の和が、1辺が p である大きな正方形の面積にまったく等しいならば、2つの影つき正方形の重なり部分（つまり真ん中の色の濃い正方形）の面積は、2つの小さな白い正方形の面積の和にちょうど等しくなくてはならない。

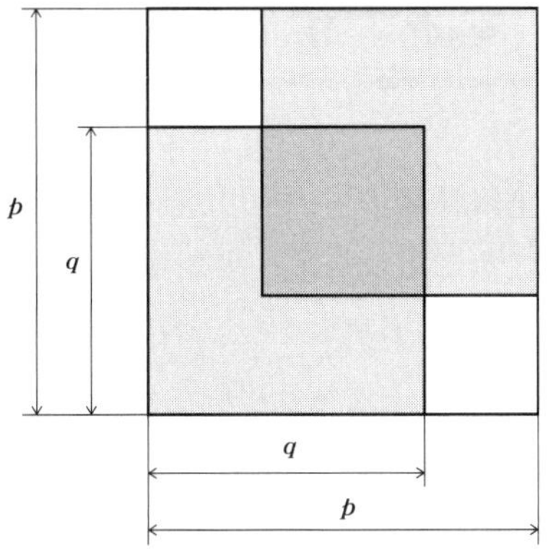

　ここで、p も q も整数なので、真ん中の正方形と小さな白い正方形の辺

figure 3-1　　$\sqrt{2}$ が無理数であることの幾何学的証明

の長さも整数だ（真ん中の正方形の1辺は$p-2(p-q)=2q-p$、小さな白い正方形の1辺は$p-q$となる）。

　したがって、真ん中の正方形と2つの白い正方形は、元の正方形よりも小さく、またも片方の面積がもう片方の面積の2倍になっている正方形があることを意味する。

　これは、そうした性質を満たし、かつ辺の長さが整数である最小の正方形が存在するとした当初の仮定に反している。

34 | 2乗根を書き表すには

小数展開

　無理数は無限に小数展開し、桁の数字に周期的な繰り返しパターンが見られない。特に2乗根の多くは無理数だ。$\sqrt{2}$ などの2乗根を有限な小数展開でどのように近似するのだろうか？二分法を利用することでこの問いに対する答えが得られる。

　$y=x^2-2$ というグラフを考えよう。これは **figure 3-2** に示す通りだ。

figure 3-2　y=x²-2

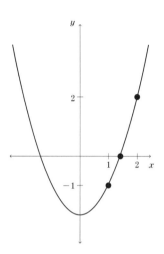

　グラフは2点でx軸と交わることがわかる。$x^2-2=0$を解くと2つの解$x=\pm\sqrt{2}$が得られる。正の根が目下、注目している解であり、これはy軸の右側のx切片として表される。

　グラフを見れば、$\sqrt{2}$が1と2の間にあることがわかる。$x=1$を入れると$y=1^2-2=-1$となり、$(1, -1)$がグラフ上の点だ。$x=2$を入れると$y=2^2-2=2$となり、$(2, 2)$がグラフ上の点だ。放物線$y=x^2-2$のグラフは連続、つまりペンを持ち上げずに描ける。

　つまり$(1, -1)$から$(2, 2)$へ進むとき、グラフは、負のy座標$y=-1$（$x=1$）から正のy座標$y=2$（$x=2$）にいたるまでに、x切片（$\sqrt{2}$の位置）でのy座標0を経ることになる。それに伴って、x座標は1から$\sqrt{2}$、さらに2まで増え、したがって、$1<\sqrt{2}<2$という不等式が得られる。

　ここまでの話から、$\sqrt{2}$の近似値の精度をどんどん上げるアル

ゴリズムが導かれる。区間 $[1, 2]$ を考えよう。この区間の中間点で $\sqrt{2}$ を近似することができる。ゆえに、$\sqrt{2} \approx 1.5$ だ。

この近似値の精度を良くするために、もっと区間を狭め、そのより狭い区間の中間点で $\sqrt{2}$ を近似しよう。まずは $x=1.5$ に対応する y 座標を計算する。すると $y=(1.5)^2-2=0.25$ となる。

これが正の数であることに注目してほしい。

figure 3-3 　中間点の符号を考える

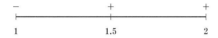

figure 3-3 で区間 $[1, 2]$ を示し、図中に示した x 座標に対応する y 座標の正負を示すプラス記号とマイナス記号も付記する。この区間を半分にすると $\sqrt{2}$ は左半分 $[1, 1.5]$ か、右半分 $[1.5, 2]$ に入ることはわかる。

y 座標の符号が変わるので、先に述べた理由から、$\sqrt{2}$ は $[1, 1.5]$ にあるだろうとわかる。区間を半分にして $\sqrt{2}$ の位置を絞り込むことが、「二分」法という名前の由来なのである。

$[1, 1.5]$ の中間点は 1.25 で、手順のこの段階での新たな近似値を得る。$\sqrt{2} \approx 1.25$ だ →*figure 3-4* 。

figure 3-4 　[1,1.5]を二分する

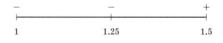

区間 [1, 1.5] に対して、y を計算すると $y=(1.25)^2-2=-0.4375$ となり、$x=1.25$ の上にはマイナス記号がつく。符号の変化は右半分 [1.25, 1.5] で起きるのだ。

[1.25, 1.5] の中間点は $\frac{1.25+1.5}{2}=1.375$ だ。

ゆえに、この段階で近似を $\sqrt{2}\approx1.375$ に改める →figure 3-5 。

figure **3-5** [1.25,1.5]を二分する

区間 [1.25, 1.5] に対して、y を計算すると $y=(1.375)^2-2=-0.109375$ となり、$x=1.375$ の上にはマイナス記号がつく。符号の変化は右半分 [1.375, 1.5] で起きる。

[1.375, 1.5] の中間点は $\frac{1.375+1.5}{2}=1.4375$ だ。

ゆえに、この段階で $\sqrt{2}\approx1.4375$ とする。この手順を続けて近似値の精度をどんどん上げることはできるが、この段階で最終的な近似値を $\sqrt{2}\approx1.4375$ としてやめておこう。この近似値はどのくらい正確なのだろうか？

figure **3-6** [1.375,1.5]を二分する

figure 3-6 を考えれば、$\sqrt{2}$ は実際には左半分 $[1.375,\ 1.4375]$ にあることがわかる。

しかし、この事実には目を伏せておこう。この最終段階で、$\sqrt{2}$ の位置については可能性のある選択肢が2つある。左半分 $[1.375,\ 1.4375]$ と右半分 $[1.4375,\ 1.5]$ だ。

$\sqrt{2}$ の近似値として 1.4375 を使う場合の誤差の絶対値は、$\sqrt{2}$ と 1.4375 を結ぶ線分の長さ、つまり $|\sqrt{2}-1.4375|$ で表せる。ここで絶対値を示すバーを用い、$\sqrt{2}$ が 1.4375 の左にあろうと右にあろうと、必ず2点を結ぶ線分の正の距離を考えることにする。

誤差の絶対値を表すこの線分は $[1.375,\ 1.5]$ の左半分か右半分の区間内にある。左半分も右半分も長さは同じで、$1.4375-1.375=0.0625$、$1.5-1.4375=0.0625$ だ。したがって、その線分は長さが 0.0625 未満で、誤差の絶対値は結果として 0.0625 で抑えられる。

$\sqrt{2}=1.4142\cdots\cdots$ という実際の値を用いると、実際の誤差は $1.4375-\sqrt{2}\approx0.0233$ であり、これは今出した誤り限界 0.0625 よりも小さい。

区間をどんどん狭くすることで、誤り限界はますます小さくなる。だから二分法を十分な回数だけ繰り返せば、$\sqrt{2}$ などの2乗根を望む限り精密に近似することができる。二分法は、このような近似値を見つけるための抜群に効率の良い方法とは言えないが、その美しさはこの簡潔性にある。2乗根や一般にほかの連続関数の根の精密な近似値を得るためにも、二分法のなかで使われる基本的な演算で十分だ。

連分数

2乗根はやや謎めいている。というのも、無理数であり、無限小数展開のなかに周期的な繰り返しパターンがないからだ。

先ほど考えた$\sqrt{2}=1.414213562\cdots\cdots$がその具体例だ。繰り返されるパターンがないのであれば、次にどの数字が来るのかは謎だ。

一方、小数展開という枠にとらわれず、数論で扱うトピックの1つである連分数に取り組むことを厭わないなら、2乗根の美しい繰り返しパターンを目にできる。たとえば$\sqrt{2}$を連分数で表記すると次のように見える。

$$\sqrt{2}=1+\cfrac{1}{2+\cfrac{1}{2+\cfrac{1}{2+\cfrac{1}{2+\cfrac{1}{2+\ddots}}}}}$$

このパターンはどこまでも続く。だから無限連分数と呼ばれる。この繰り返しは、$\sqrt{2}$のはるかに不規則な小数展開とはまったく対照的だ。

この連分数がなぜ$\sqrt{2}$に等しいと言えるのか？　代数の世界へ飛び込んで説明してみよう。

まず2つの2乗の差を取ると、次のような結果が得られる。

$(\sqrt{2}-1)(\sqrt{2}+1)=(\sqrt{2})^2-1^2$

$(\sqrt{2}-1)(\sqrt{2}+1)=2-1=1$

次に、この等式の両辺を$\sqrt{2}+1$で割ると

$$\frac{(\sqrt{2}-1)(\sqrt{2}+1)}{\sqrt{2}+1} = \frac{1}{\sqrt{2}+1}$$

$$\sqrt{2}-1 = \frac{1}{\sqrt{2}+1}$$

$$\sqrt{2} = 1 + \frac{1}{\sqrt{2}+1}$$

つまり

$$\sqrt{2} = 1 + \frac{1}{1+\sqrt{2}}$$

となる。

右辺の分母の $\sqrt{2}$ （つまり $1+\frac{1}{1+\sqrt{2}}$ に出てくる $\sqrt{2}$ ）に式

$\sqrt{2} = 1 + \frac{1}{1+\sqrt{2}}$ を代入する。すると、以下のようになる。

$$\sqrt{2} = 1 + \frac{1}{1+1+\frac{1}{1+\sqrt{2}}}$$

$$\sqrt{2} = 1 + \frac{1}{2+\frac{1}{1+\sqrt{2}}}$$

この時点でまた、右辺の最も深い分母に登場する $\sqrt{2}$ に

$\sqrt{2} = 1 + \frac{1}{1+\sqrt{2}}$ を代入する。

$$\sqrt{2} = 1 + \frac{1}{2+\frac{1}{1+1+\frac{1}{1+\sqrt{2}}}}$$

$$\sqrt{2} = 1 + \frac{1}{2+\frac{1}{2+\frac{1}{1+\sqrt{2}}}}$$

代数に翻訳すると | *3*

　こうして、$\sqrt{2}=1+\dfrac{1}{1+\sqrt{2}}$ を右辺に代入し続けられるのは明ら

かだ。だから、先に示した通り、$\sqrt{2}$ の無限連分数展開が得ら

れる。

　一般に、無理数である2乗根の連分数展開では、分母に繰

り返しのパターンがあり、小数展開では隠れてしまう2乗根の構

造が明らかになる。

　さらに、連分数を使えば、2乗根を有理数で精密に近似した

値（つまり分数という形での2乗根の近似値）も得られる。

　このように連分数は、2乗根のような無理数をめぐる謎のかな

りの部分を含んでいる。

167

lecture 35 フェルマーの因数分解法で素数判定

　ある整数 n（> 2）が素数であるか合成数であるかはどのようにしてわかるだろうか？　多くの人は「試し割り法」で確かめる。これは $\sqrt{n}$ 以下の素数のなかに n を割り切るものがあるかどうかを 1 つずつ確かめていく方法だ。もしも n を割り切るような素数があるなら、n は合成数だ。そうでなければ、n は素数だ。

　ところが、ある数が素数か合成数かを判断する方法として、試し割り法が効率的だとは必ずしも言えない。たとえば、$n = 6499$ が素数か合成数かを試し割り法を使って調べることを考えよう。　$\sqrt{6499} \approx 80.616$ から、80.616 よりも小さな素数はとてもたくさんあり、それらについて割り切れるかどうかを 1 つずつ調べなくてはならない。

　n が素数か合成数かを判断する方法としては、フェルマーの因数分解法を使うものがある。これも実際の数字を使った具体例を追ってみるとわかりやすいだろう。$n = 6499$ とする。まずは x を $\sqrt{6499} \approx 80.616$ 以上の最小の整数とする。$\sqrt{6499}$ は整数ではないので、$x = 81$ から始めることになる。

　$x^2 - n$ を計算し、その結果が完全平方数かどうかを確かめる。$81^2 - 6499 = 62$ となり、これは完全平方数ではない。そこで、x

を大きくして $x = 82$ とする。そして、$x^2 - n$ の値が完全平方数になるまで、x を大きくするというこの手順を繰り返す。

$x = 82$ の場合、$82^2 - 6499 = 225 = 15^2$ だから $x^2 - n$ の値は完全平方数になる。ここで、y を完全平方数である $x^2 - n$ の値の平方根とする。この例では $y = 15$ だ。フェルマーの因数分解法から、$n = (x+y)(x-y)$ であり、以下の通りになる。

$6499 = (82+15)(82-15)$

$6499 = 97 \cdot 67$

この自明ではない因数分解から、6499 は確かに合成数であることがわかる。

フェルマーの因数分解法は、代数で使うおなじみの2乗の差の公式 $x^2 - y^2 = (x+y)(x-y)$ に基づいている。考え方として大切なのは、2つの2乗の差の因数分解を利用するために、n を2つの平方数の差、つまり $n = x^2 - y^2$（ただし $x > y$）という形で書くことだ。この式を変形すると $x^2 - n = y^2$ となる。

目的は、$x^2 - n$ の x にさまざまな値を規則的に入れてみて、この式が完全平方数になるかどうかを確かめることだ。完全平方数が得られればそれを y^2 とする。そうすれば $n = (x+y)(x-y)$ という因数分解が得られる。

x が正であると仮定すると、$x^2 - n \geqq 0$ より $x \geqq \sqrt{n}$ であることに注意すること。だからこそ、$x^2 - n$ の x に値を代入するときに、$\sqrt{n}$ 以上の最小の整数 x から始めれば良いのだ。

このアルゴリズムは必ず止まる。自明でない因数分解か、自明な因数分解 $n = n \cdot 1$ で終わるのだ。自明な因数分解で終わるのは、x が大きくなって $x = \dfrac{n+1}{2}$ にまで達するときだ。この x の

値に対して、対応する y の値は $y=\dfrac{n-1}{2}$ だ。これは以下の計算からわかる。

$$x^2-n=\left(\dfrac{n-1}{2}\right)^2-n$$

$$x^2-n=\dfrac{(n+1)^2}{4}-n$$

$$x^2-n=\dfrac{n^2+2n+1}{4}-\dfrac{4n}{4}$$

$$x^2-n=\dfrac{n^2-2n+1}{4}$$

$$x^2-n=\dfrac{(n-1)^2}{4}$$

$$x^2-n=\left(\dfrac{n-1}{2}\right)^2$$

したがって、$x^2-n=y^2$ だ。こうして $x=\dfrac{n+1}{2}$ 、$y=\dfrac{n-1}{2}$ とすると自明な因数分解になり、アルゴリズムは必ず止まることがわかる。

$$n=(x+y)(x-y)$$

$$n=\left(\dfrac{n+1}{2}-\dfrac{n-1}{2}\right)\cdot\left(\dfrac{n+1}{2}-\dfrac{n-1}{2}\right)$$

$$n=\left(\dfrac{2n}{2}\right)\cdot\left(\dfrac{2}{2}\right)$$

$$n=n\cdot 1$$

フェルマーの因数分解法は、広く知られている試し割り法をうまく補い、また効率という点では試し割り法よりも一層すぐれてさえいる。

たとえば、問題となっている整数 n が $\sqrt{n}$ に近い因数しか持た

代数に翻訳すると | *3*

ない場合などはそうだ。

　これは先の例、$n = 6499$ の場合からも明らかだろう。さらに、この簡潔で明確なアルゴリズムは、一般的に教えられている、2つの2乗数の差の公式を見事に応用してもいる。

lecture
36 ｜ 3種類の数列と 3種類の平均の 関係とは

　等差数列や等比数列を授業で扱うのはごく一般的なことだ。等差数列は隣り合う項の差（公差）が一定の数列、等比数列は隣り合う項の比（公比）が一定の数列だ。

　等差数列の一例が、1, 5, 9, 13, 17, ……で、この場合の公差は4だ。等比数列の例は、1, 5, 25, 125, 625, ……であり、このときの公比は5だ。

　こうした数列で具体的な末項があるものについては、それぞ

れの中点や平均を考えることができる。

1つ目の等差数列の場合、**1, 5, 9, 13, 17** という部分だけを使うと平均は真ん中の数だ。これは、算術平均とも呼ばれる。数を加え、加えた数の個数で割ると求められる。

$$1+5+9+13+17 = \frac{45}{5} = 9$$ だ。

等比数列 **1, 5, 25, 125, 625** の場合には、幾何平均をその中点と考えるのが自然である。これは n 個の数の積の n 乗根だ。

式で表すと $\sqrt[5]{1 \cdot 5 \cdot 25 \cdot 125 \cdot 625} = \sqrt[5]{9765625} = 25$ となる。

一方、あまり馴染みのない数列に調和数列がある。しかし、その作りはとても単純だ。

等差数列の各項の逆数をとっただけである。だから、たとえば先に挙げた等差数列を考え、各項の逆数をとると、調和数列になる。

何本かの弦を用意し、長さが調和数列をなし、そして張り具合はどれも同じになるようにする。

そしてそれらの弦を一緒にかき鳴らせば、調和した音が聞こえてくる。これが、この数列が「調和」と呼ばれる理由だ。

調和平均を出すためには、ただ数列の逆数の算術平均を求め、さらにその逆数をとれば良い。上記の例では、調和数列

$1, \dfrac{1}{5}, \dfrac{1}{9}, \dfrac{1}{13}, \dfrac{1}{17}$ の調和平均は、$\dfrac{1}{\dfrac{1+5+9+13+17}{5}} = \dfrac{1}{9}$ だ。

ところで、日常生活で調和平均はどう役に立つのかと思うだろ

う。そこで、実際の生活での例を挙げよう。

いくつかの商品をさまざまな価格で買い、商品ごとに平均価格を出したいならば、単に算術平均、つまり一般に「平均」と呼ばれるものを取れば良い。

一方、仕事に出かけるときには時速50マイル、戻るときには同じルートを時速30マイルで自動車を走らせる場合の平均速度を知りたいのであれば、算術平均をとるのは正しくはない。というのも、時速30マイルで走る時間は同じルートを時速50マイルで走るのにかかる時間よりもかなり長いからだ。

平均速度を求めるためには、調和平均を使う必要がある。この場合だと

$$\frac{1}{\frac{\frac{1}{30}+\frac{1}{50}}{2}} = \frac{1}{\frac{30+50}{1500} \cdot \frac{1}{2}} = \frac{1}{\frac{4}{150}} = 37\frac{1}{2}$$

となる。

同一の基準の下で取った比であるならば、調和平均を使ってそれらの平均を求められることに注意しよう。たとえば、同一距離を走る速度や、同一量を購入する費用などがそうだ。

するとこれらの3種類の平均の大きさを比べるにはどうしたら良いのかと問いたくなるだろう。大きさ比べをするために、簡潔に代数を使って比較を行なう手順を示しておこう。

2つの数 a と b を用い、そして3通りの平均を求め、それからその大きさを比較する。

2つの非負の数 a、b に対して

$(a-b)^2 \geqq 0$

$a^2 - 2ab + b^2 \geqq 0$

両辺に $4ab$ を加える。

$a^2 + 2ab + b^2 \geqq 4ab$

両辺の正の平方根をとる。

$a+b \geqq 2\sqrt{ab}$ すなわち、$\dfrac{a+b}{2} \geqq \sqrt{ab}$

これにより、2数 a、b の算術平均は幾何平均以上であることがわかる（等号が成り立つのは $a=b$ のときのみ）。

出だしは先ほどと同じで、以下に示すように続けると、次に求められる比較、つまり幾何平均と調和平均の比較ができる。

非負の2数 a、b に対して

$(a-b)^2 \geqq 0$

$a^2 - 2ab + b^2 \geqq 0$

両辺に $4ab$ を加える。

$a^2 + 2ab + b^2 \geqq 4ab$

$(a+b)^2 \geqq 4ab$

両辺に ab を掛ける。

$ab(a+b)^2 \geqq 4a^2b^2$

両辺を $(a+b)^2$ で割る。

$ab \geqq \dfrac{4a^2b^2}{(a+b)^2}$

両辺の正の平方根をとる。

$\sqrt{ab} \geqq \dfrac{2ab}{a+b}$

（$\dfrac{2ab}{a+b}$ は調和平均であることを思い出そう。$\dfrac{2ab}{a+b} = \dfrac{2ab}{\frac{1}{a}+\frac{1}{b}}$ だからだ。）

この結果から、2数 a、b の幾何平均は調和平均以上である
ことがわかる（ここで、等号が成り立つのは、どちらかが0のとき、あるいは
$a=b$ のときだ）。だから、算術平均≧幾何平均≧調和平均と結論で
きる。

lecture 37 | ディオファントス 方程式って 何だ?

　一般的に、2変数（たとえば x と y）の方程式が与えられたとき、
同じ2変数の方程式がもう1つあると、2つの方程式が同時に解
ける。つまり、両方程式を満たす2変数の値の組がみつかるのだ。
　では、2つ目の方程式がない場合には、2変数の方程式をど
うやって「解く」ことができるのだろうか。
　そのような方程式は、ギリシャの数学者ディオファントス（紀元
201年頃 – 285年頃）にちなんでディオファントス方程式と呼ばれる

ことがある。ディオファントスは『*Arithmetica*（算術）』というタイトルの自著のなかでこうした方程式に触れているのだ。

　ではここで、このディオファントス方程式について考えてみよう。たとえば、以下のような簡単な問題から方程式を立てることができる。

　「ぴったり 500 セントで買える 6 セント切手と 8 セント切手の組み合わせは何通りあるか?」

　まず、求めなくてはならない 2 つの変数 x と y が存在することを確かめておこう。x が 8 セント切手の枚数、y が 6 セント切手の枚数を表すとすると、方程式は $8x + 6y = 500$ となる。これは簡約が可能で、$4x + 3y = 250$ となる。

　この時点でわかるのは、この方程式には解が無数にあること、整数解も無数にあるかもしれないし、そうではない可能性もあることだ。さらに、（元の問題を解く場合に妥当な）非負の整数解についても、無数にあるかもしれないし、そうではないかもしれないことがわかる。

　まず考えるべきは、整数解が存在するか否かだ。

　これには便利な定理が使える。

　整数 a、b、k に対して、a と b の最大公約数が k の約数でもある場合、方程式 $ax + by = k$ の x、y には無限個の整数解が存在する、というものだ。

　すでに述べた通り、このタイプの方程式で解が整数でなくてはならないものをディオファントス方程式と呼んでいる。

　3 と 4 の最大公約数は 1 であり、これは 250 の約数だ。よって

代数に翻訳すると | *3*

方程式 $4x + 3y = 250$ には無限個の整数解が存在する。

　そこで次に考えなくてはならない問いは、この方程式には、正の整数解が（あるとすれば）いくつ存在するかだ。

　解決法になり得る1つの方法がオイラーの方法だ。

　この方法では、まず係数の絶対値が最も小さい変数について方程式を解く。

　この場合、y について解くと $y = \dfrac{250 - 4x}{3}$ となる。

　これを書き換えて整数部分を切り離すと、

$$y = 83 + \frac{1}{3} - x - \frac{x}{3} = 83 - x + \frac{1 - x}{3} \text{ となる。}$$

　ここでもう1つの変数 t を取り入れ、$t = \dfrac{1 - x}{3}$ とする。

　x について解くと、$x = 1 - 3t$ となる。

　この方程式に分数の係数はないので今回はこの手順を繰り返す必要はないが、分数の係数がでてきた場合にはこれを繰り返さなくてはならない（つまり、その都度、上記の t のように新しい変数を導入する）。

　ここで、上記の方程式の x に $1 - 3t$ を

代入すると $y = \dfrac{250 - 4(1 - 3t)}{3} = 82 + 4t$ となる。t にさまざまな整

数値を入れると、対応する x や y の値が決まるのだ。

　table 3-1 に示すような値の表が便利だろう。

177

table 3-1　**オイラーの方法をもとにした変数の表**（4x+3y=250）

t	$\cdots$	-2	-1	0	1	2	$\cdots$
x	$\cdots$	7	4	1	-2	-5	$\cdots$
y	$\cdots$	74	78	82	86	90	$\cdots$

　もっと拡張した表を作れば、t にどの値を入れると x や y に対する正の整数値が得られるのかがわかるだろう。ただ、x や y に対する正の整数値の個数を決定するためのこのような手順は、あまりエレガントではない。だから、次のような不等式も同時に解くことにしよう。

　$x = 1 - 3t > 0$ よって $t < \dfrac{1}{3}$ だ。

　もう1つの不等式として、$y = 82 + 4t > 0$ より $t > -20\dfrac{1}{2}$。

　するとこれは、次のようにも表せる。

　$-20\dfrac{1}{2} < t < \dfrac{1}{3}$

　こうしてわかるのは、5ドルで買える6セントの切手と8セントの切手の組み合わせとして21通りが考えられるということだ。

　このトピックをもっときちんと身につけるために、ほかのディオファントス方程式を、その解法とともに紹介しておこう。

　たとえば、ディオファントス方程式 $5x - 8y = 39$ を解くことを考えよう。

　まず、x について解く。なぜならば x の係数は2つの係数のうち絶対値がより小さいからだ。

$$y = \frac{8y+39}{5} = y+7+\frac{3y+4}{5}$$

ここで $t = \frac{3y+4}{5}$ として y について解く。

$$y = \frac{5t-4}{3} = t-1+\frac{2t-1}{3}$$

上記の方程式には分数が含まれているので、$u = \frac{2t-1}{3}$ として t について解く。

$$t = \frac{3u+1}{2} = u+\frac{u+1}{2}$$

またも、上記方程式には分数が含まれているので $v = \frac{u+1}{2}$ として u について解く。$u = 2v-1$ となる。ここで、v の係数は整数なので、手順を逆にたどることができる。

したがって、逆の順で代入して、

$$t = \frac{3u+1}{2} \text{ から } t = \frac{3(2v-1)+1}{3} = 3v-1$$

となる。さらに、$y = \frac{5t-4}{3}$ なので、

$$y = \frac{5(3v-1)-4}{3} = 5v-3 \text{ となる。 } x = \frac{8y+39}{5} \text{ より}$$

$$x = \frac{8(5v-3)+39}{5} = 8v+3 \text{ となる。}$$

これで $x = 8v+3$、$y = 5v-3$ という x と y の値に対して、方程式が解けたので、次に以下のような値の表 *table 3-2* を作ることができる。

table 3-2　オイラーの方法をもとにした変数の表（5x-8y=39）

v	$\cdots$	-2	-1	0	1	2	$\cdots$
x	$\cdots$	-13	-5	3	11	19	$\cdots$
y	$\cdots$	-13	-8	-3	2	7	$\cdots$

　xとyを正の値に限っていなかったので、上記の表のようにたくさんの解が得られることがわかる。このことも、古代ギリシャ時代にまでさかのぼる、代数の重要な性質である。

lecture
38 ｜ 落下運動のカギ

　2次方程式は古典物理学でもお目にかかる。2次の方程式を使うと、たとえば、空中で重力の影響を受けた物体の運動を説明することができるのだ。落下する物体を考える際に、距離を測るためのフィート、時間を測るためのクォーター秒（4クォーター秒

=1秒）を使うと、興味深いことが起こる。

とても高い建物のてっぺんから野球ボールを落とすことを考えてみよう。落とす物体は、空気抵抗が無視できるくらいのものでありさえすれば何でも良い。ゆえに、野球ボールはここでの目的に適っているが、羽根では適切とは言えないだろう。

figure 3-7　物体を落下させる

qクォーター秒後にボールが落ちた距離をsフィートとするなら、$s=q^2$という事実が知られている（なぜそうなるのかは後ほど紹介する）。

これにしたがえば、1クォーター秒後に野球ボールは1フィート落ちていることになる。

2クォーター秒後には4フィート、3クォーター秒後には9フィート、という具合に完全平方数のパターンが続く。

これはなぜ正しいのだろうか？　物理学では、一定の重力加速度gを受ける場合にt秒後の位置sを表す方程式は、

$s=\frac{1}{2}gr^2+v_0t_0+s_0$（ただし$v_0$は野球ボールの初速度、$s_0$は初期位置）

と表される。もしもボールがただ落ちるだけなら、初速度はゼロ、

つまり $v_0 = 0$ だ。

　また、スタート位置をゼロ点とみなし、そこからボールの落ちた距離を測定するのであれば、初期位置もゼロになり、$s_0 = 0$ ということになる。

　地面へ向かう方向を正とすると、s はボールが落ちた距離を測ることになる。重力加速度はおおよそ $g = 32$ フィート／秒^2 だ。

　これらの値を式に代入すると、以下のようになる。

$$s = \frac{1}{2} \cdot 32t^2 + 0 \cdot t + 0$$

$$s = \frac{1}{2} \cdot 32t^2$$

　したがってこの方程式は、簡約すると、$s = 16t^2$ となる。

　1秒は4クォーター秒に等しいことに注意すると、$q = 4t$（ただし t は秒）という方程式が得られる。

　形を変えれば、$t = \dfrac{q}{4}$ だ。これを先の式に代入すると、

$$s = 16 \left(\frac{q}{4} \right)^2$$

つまり、$s = 16 \cdot \dfrac{q^2}{16}$ だ。ここで簡約すると、先に触れた2乗のパターン、$s = q^2$ にしたがって物体が落下する理由が明らかになる。

　自然界に存在するこのエレガントなパターンは、知識の興味深い混ざり合いを私たちの目に触れさせてくれるものだといえる。

代数に翻訳すると | *3*

lecture 39 | デカルトの符号法則は微積分へのかけ橋

　$ax^2 + bx + c = 0$ という形の方程式に出合ったことがあるはずだ。もちろんこれは2次方程式だ。

　因数分解するか、2次方程式の解の公式を使うかして根を求めることができる。

　一方、$x^3 - 2x^2 + 3x - 4 = 0$ のような高次の方程式となると、次数が高ければ高いほど出合ったことのある可能性は低くなる。

　高次多項式にも根はあるのだが、2次多項式の場合とは違い、それについて考える機会ははるかに少ない。

　デカルトの符号法則は、考案者であるフランスの数学者ルネ・デカルト（1596年 - 1650年）にちなんで名づけられた法則で、一般的な多項式に関係している。特に、正の根や負の根についてある程度のことがわかる。しかもその情報を得るためにはプラス記号とマイナス記号の変化の数を数えるだけで良い。

　1つ例を考えてみよう。$f(x) = x^3 - 2x^2 + 3x - 4$ とする。

　この例では係数に3回の符号変化がある。左から右へ読んでいくと、符号は、x^3 の省略された正の係数1から x^2 の負の係数 -2 へ、次に -2 から3、最後に3から -4 へと変化する。

183

デカルトの符号法則によれば、$f(x)$ の正の根の数は、係数における符号変化の数に等しいか、符号変化の数よりも2の倍数分だけ小さい。この例では、$f(x)$ には3つの正の根か、あるいは、$3-2=1$ つの正の根があるということになる。

　$f(x)$ の負の根も、同じような方法で扱える。$f(x)$ を考える代わりに、先に述べた符号カウントの手順を $f(-x)$ に当てはめる。$f(-x)$ という式に恐れをなしてはいけない。

　まず思い出してほしいのは、負の数は偶数乗すると正になり、奇数乗すると負になることだ。$f(-x)$ について考えるということは、つまるところ本質的に、$f(x)$ の奇数乗の項の符号をすべて逆にするということだ。したがって

$$f(-x)=(-x)^3-2(-x)^2+3(-x)-4$$
$$f(-x)=-x^3-2x^2-3x-4$$

となる。

　$f(x)=x^3-2x^2+3x-4$ の奇数乗の項 x^3 と $3x$ の符号は逆になったが、偶数乗の項の符号は変わらなかった。

　$f(-x)=-x^3-2x^2-3x-4$ には符号の変化がないことに注意しよう。

　デカルトの符号法則から $f(x)=x^3-2x^2+3x-4$ には負の根がなく、1つもしくは3つの正の根があることがわかる。これは2次多項式の場合に2次方程式の解の公式からわかるような根の本質に関する精密な答えではない。

　実際、3次曲線 $y=x^3-2x^2+3x-4$ をグラフ計算機やそのほかのコンピュータソフトウエア上でグラフ化すると、たった1つの正の根があり負の根はないことがわかる →figure 3-8 。

figure 3-8 $y=x^3-2x^2+3x-4$

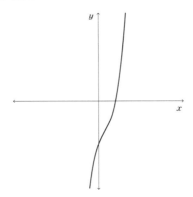

　デカルトは17世紀、つまりグラフ計算機が登場するはるか前の時代を生きた人であることを忘れてはならない。

　現代では微分積分学の課程で、こうした高次多項式のグラフについて詳しく学ぶ。デカルトの符号法則はわかりやすく、好奇心旺盛にさまざまな式に当てはめていくことで、高次多項式の本質を垣間見ることができる。

　代数や、微分積分学に先立って学ぶ事柄にプラスの知識を与え、微分積分学の理解を深めてくれるはずだ。

　デカルトの符号法則は、それらのテーマの橋渡しをして興味を掻き立てる役目を担うものだし、数を数えられさえすればこの橋を利用できる。残念なことは、標準的な数学の授業ではまず扱われないということだ。

lecture 40 ホーナーの方法で多項式を因数分解

多項式は代数の課程ではおなじみのトピックだ。代数では多項式を因数分解したりその数値を求めたりする。

ホーナーの方法とは、イギリスの数学者ウィリアム・ジョージ・ホーナー（1786年 – 1837年）が作りあげたもので、与えられた値での多項式を評価する興味深い方法だ。そしてこの方法を拡張すれば、これまで使っていたものに代わるやり方で多項式を因数分解できる。

さっそく詳しく見てみよう。$f(x)=2x^3-x^2-7x+6$ を例として考える。

ホーナーの方法の背景となる考え方は、この多項式が次のように入れ子の形で書き表せるということだ。

$$f(x)=[(2x-1)x-7]x+6$$

少し時間をかけて、上記の式を展開して簡略化し、実際に元の式と等しいことを確かめてほしい。

$x=3$ での $f(x)$ の値を求めたいという場合、本質的には、
$f(3)=[(2\cdot3-1)3-7]3+6$ を計算することになる。

このあとの計算を表すコンパクトな表記法にたどり着くことに注目してほしいのだが、ひとまずは何が起きているのかを代数的な

式で確かめよう。

最も内側の括弧内の値をまずは求めると、$2 \cdot 3 - 1 = 5$ となる。この値 5 を先の式に代入すると、$f(3) = [5 \cdot 3 - 7]3 + 6$ となる。ここで $5 \cdot 3 - 7 = 8$ であり、この値 8 を先の式に代入すると、$f(3) = 8 \cdot 3 + 6 = 30$ だ。

こうして $f(3) = 30$ を得る。ここまでの計算は次のように配置して記号化できる。

多項式を評価する値 $x = 3$ を書き、それに続けて元の多項式の係数の値を並べる。

$$3 \,\bigg|\; \begin{array}{cccc} 2 & -1 & -7 & 6 \end{array}$$

この表記法では、2行目として数を並べるために水平な直線の上に空白行を、3行目として数を並べるために水平な直線の下にも空白行を設ける。計算の初めに、先頭の係数である 2 を次のように3行目に下ろす。

$$3 \,\bigg|\; \begin{array}{cccc} 2 & -1 & -7 & 6 \\ \hline 2 \end{array}$$

次に、3行目の 2 と左端の 3 とを掛け合わせると 6 になる。その 6 を以下のように -1 の下、2行目に書く。

$$3 \,\bigg|\; \begin{array}{cccc} 2 & -1 & -7 & 6 \\ & 6 \\ \hline 2 \end{array}$$

ここで -1 と 6 を足し合わせると 5 になる。この 5 は3行目に書く。

ここまでの手順は、先ほどまずは $2 \cdot 3 - 1 = 5$ から計算したことに対応しているのがわかる。

$$
\begin{array}{r|rrrr}
3 & 2 & -1 & -7 & 6 \\
& & 6 & & \\
\hline
& 2 & 5 & &
\end{array}
$$

3行目の5に対して手順を繰り返す。左側の3と掛け合わせる。そして結果に -7 を加えて次の列に書き入れる。

$$
\begin{array}{r|rrrr}
3 & 2 & -1 & -7 & 6 \\
& & 6 & 15 & \\
\hline
& 2 & 5 & 8 &
\end{array}
$$

今見たステップは、先の $5 \cdot 3 - 7 = 8$ に対応する。最後の列は $8 \cdot 3 + 6 = 30$ という計算に対応し、3行目の最後の部分に求めたい答えが出てくる。

$$
\begin{array}{r|rrr|r}
3 & 2 & -1 & -7 & 6 \\
& & 6 & 15 & 24 \\
\hline
& 2 & 5 & 8 & 30
\end{array}
$$

答えである30は、上記のように垂直な棒線を引き、3行目のほかの数字とは区別している。

興味深いことが起こるのは、$x = a$ という特定の値での多項式を評価して値が0になるときだ。

こうした場合、多項式は $(x - a)$ を因数として因数分解できることがわかる。

練習問題として、ホーナーの方法を実行して、以下のように

代数に翻訳すると | *3*

$f(1)=0$ を求めてみよう。

$$
\begin{array}{r|rrrr}
1 & 2 & -1 & -7 & 6 \\
  &   & 2 & 1 & -6 \\
\hline
  & 2 & 1 & -6 & 0
\end{array}
$$

　多項式 $2x^3-x^2-7x+6$ は $x=1$ で 0 となるので、$(x-1)$ がこの多項式の因数であることがわかる。

　さらなる結果として、3行目の数から、$2x^2+x-6$ が因数であり、$2x^3-x^2-7x+6=(x-1)(2x^2+x-6)$ という不完全因数分解が導かれることもわかる。

　こうした結果から、組立除法というトピックへとつながっていく。

　通常、学校で習うときは長除法を使って

$$
\frac{2x^3-x^2-7x+6}{x-1}=2x^2+x-6
$$

とする。

　組立除法とは、長除法に代わる方法のことで、先ほど触れたホーナーの方法の手順を活用する。

　因数 $(x-a)$ で割るとき、その代わりにホーナーの方法を使って $x=a$ での値を求めても良い。3行目の数は商多項式の係数であり、3行目の最後の数は剰余だ。

　別の例として、先ほど $f(x)$ を $x=3$ で評価したときの計算を使うと、次のようになる。

$$
\frac{2x^3-x^2-7x+6}{x-3}=2x^2+5x+8+\frac{30}{x-3}
$$

　ホーナーの方法は、みなさんがお持ちの代数の道具類をうま

189

く補い、多項式を評価するための代わりのやり方を示してくれる。ホーナーの方法は単に興味深いだけのものでは決してない。それどころか、多項式の長除法という古くからの手法の代替手段である組立除法の基盤を作るのだ。

　組立除法には、ここまでに取りあげたものに留まらずもっと多くの意味がある。

　本書でもありとあらゆる場合を網羅しきれたとは言えない。それでも、ホーナーの方法が重要な役割を果たしていることをわかってもらえたなら幸いだ。

lecture

41 | ピタゴラス数は 簡単に作れる

　ピタゴラスの定理は、数学のなかでおそらく最も有名な定理だ。直角三角形の斜辺の2乗は、ほかの2辺の2乗の和に等しい。

　ピタゴラスの定理は（第4章で説明するように）幾何学に関係するものとして思い起こす人がほとんどだろうが、方程式 $a^2 + b^2 = c^2$

にも大いに関係がある。この式はピタゴラスの定理の代数的表現なのだ。

一方で、この方程式を満たす整数 (a, b, c) であるピタゴラス数には、あまりなじみがない。真っ先に出てくる例として $(3, 4, 5)$ を思い出す人もいるだろうし、2つ目のピタゴラス数として $(5, 12, 13)$ を記憶している人もいるだろう。ここでは、ピタゴラス数を無限に作り出す簡潔な技法を紹介しよう。

まず具体的な例でこの技法を説明しよう。それからなぜそうなるのかを明らかにする。これから示すこの技法のステップが正しいことはあとで見る。ひとまずは計算を追ってみよう。

3以上の任意の正の整数から始める。この数は (a, b, c) のなかの a となる。a が奇数のときと a が偶数のときで手順が少し違ってくる。

a が奇数の場合として、$a=7$ とする。a を2乗して2で割る。つまり、$7^2=49$、そして $\frac{49}{2}=24.5$ と計算する。

この手続きではその答えを切り捨てて24とする。この数24は、三角形の2本目の辺で、この数に1を加えると斜辺となる。したがって、$b=24$、$c=24+1=25$ とする。作ったピタゴラス数は $(7, 24, 25)$ だ。$7^2+24^2=25^2$ が成り立つことは、$49+576=625$ から簡単に確認できる。

次に、a が偶数の場合として $a=8$ としよう。a を2で割って2乗する、つまり $\frac{8}{2}=4$、さらに $4^2=16$ と計算する。この数16から1を引くと三角形の2本目の辺となり、この数に1を加えると斜辺だ。だから $b=16-1=15$、$c=16+1=17$ とする。作ったピタ

ゴラス数は $(8, 15, 17)$ だ。$8^2+15^2=17^2$ であることは、$64+225=289$ からたやすく確かめられる。

この手法はどういう仕組みになっているのだろうか？　代数を少し使うと状況が見えてくる。

まず、奇数は $2m+1$、偶数は $2m$ という形で書けることを思い起こそう（ただし m は整数）。たとえば、$7=2\cdot3+1$ であり、$8=2\cdot4$ だ。

$a \geqq 3$ が奇数であるとすると、ある整数 m に対して、$a=2m+1$ だ。a を2乗すると $(2m+1)^2=4m^2+4m+1$ となる。2で割ると、

$\dfrac{(2m+1)^2}{2}=\dfrac{4m^2+4m+1}{2}$ となり、これは $2m^2+2m+\dfrac{1}{2}$ と書き直

すことができる。

ここでも切り捨てを行ない、$\dfrac{1}{2}$ の項を落とす。

それと共に $b=2m^2+2m$、$c=2m^2+2m+1$ とする。(a, b, c) がピタゴラス数であることは、以下のようにいくつか2乗を計算して確認できる。

$a^2=(2m+1)^2=4m^2+4m+1$

$b^2=(2m^2+1)^2=4m^4+8m^3+4m^2$

よって

$\begin{aligned}a^2+b^2&=(4m^2+4m+1)+(4m^4+8m^3+4m^2)\\&=4m^4+8m^3+8m^2+4m+1\end{aligned}$

$\begin{aligned}c^2&=(2m^2+2m+1)^2=(2m^2+2m+1)(2m^2+2m+1)\\&=4m^4+4m^3+2m^2+4m^3+4m^2+2m+2m^2+2m+1\\&=4m^4+8m^3+8m^2+4m+1\end{aligned}$

これで奇数の場合に $a^2+b^2=c^2$ が正しいことは明らかだ。

では、$a>3$ が偶数であるとする。

するとある整数 m に対して $a=2m$ だ。a を2で割ると m になる。2乗すると m^2 だ。そこで $b=m^2-1$、$c=m^2+1$ とする。(a, b, c) がピタゴラス数であることは、以下のようにいくつか2乗を計算して確かめられる。

$$a^2=(2m)^2=4m^2$$
$$b^2=(m^2-1)^2=m^4-2m^2+1$$

だから

$$a^2+b^2=m^4+2m^2+1$$
$$c^2=(m^2+1)^2=m^4+2m^2+1$$

偶数の場合も同様に $a^2+b^2=c^2$ は明らかだ。

この手法を使えば、3以上の任意の整数 a から始まるピタゴラス数 (a, b, c) を作ることができる。

1つ覚えておきたいのは、a から始まるピタゴラス数は、この手法で計算したもののほかにもあり得るということだ。つまり、この簡潔な手法ですべてのピタゴラス数を作れるわけではない。

もっと一般的な、すべてのピタゴラス数を扱える手法もある（それについてはのちほど紹介する）。ここで示した手法の美しさは、ひたすら簡潔であるところだ。

基本的な計算方法を知っていれば、ピタゴラスの定理を考えるときに、$a^2+b^2=c^2$ だけではなく、もっと多くを語れるようになる。つまり、実際にピタゴラス数を無限に作り出し、定理そのもの以上の知見を得ることができるのだ。

さてここで疑問が生じる。原始的なピタゴラス数（つまり、公約数を持たないような3つの数 a、b、c）をもっと簡潔に作るにはどうしたら良いのだろうか？

　さらに重要なこととして、すべてのピタゴラス数を得るにはどのようにすれば良いのか？　別の言い方をすると、その目的に適う公式はあるのだろうか？

　そのような1つの公式としてユークリッドによるとされるものがあり、それを使えば次に示すように $a^2+b^2=c^2$ を満たす a、b、c の値を作れる。

$$a=m^2-n^2$$

$$b=2mn$$

$$c=m^2+n^2$$

　簡単な代数的処理をすると和 a^2+b^2 は本当に c^2 に等しいことが示せる。

$$a^2+b^2=(m^2-n^2)^2+(2mn)^2$$

$$a^2+b^2=m^4-2m^2n^2+n^4+4m^2n^2$$

$$a^2+b^2=m^4+2m^2n^2+n^4=(m^2+n^2)^2=c^2$$

したがって、$a^2+b^2=c^2$ だ。

　table 3-3 に示す表中の m と n の値にこの公式を当てはめると、3つの数が原始的である（つまり3数が互いに素で1以外に公約数を持たない）場合に関して、あるパターンに気づき、そして考え得るパターンがほかにもいくつか見つかるはずだ。

代数に翻訳すると | *3*

table 3-3 ピタゴラス数

m	n	$a = m^2 - n^2$	$b = 2mn$	$c = m^2 + n^2$	ピタゴラス数 (a, b, c)	原始的か
2	1	3	4	5	(3, 4, 5)	*Yes*
3	1	8	6	10	(6, 8, 10)	*No*
3	2	5	12	13	(5, 12, 13)	*Yes*
4	1	15	8	17	(8, 15, 17)	*Yes*
4	2	12	16	20	(12, 16, 20)	*No*
4	3	7	24	25	(7, 24, 25)	*Yes*
5	1	24	10	26	(10, 24, 26)	*No*
5	2	21	20	29	(20, 21, 29)	*Yes*
5	3	16	30	34	(16, 30, 34)	*No*
5	4	9	40	41	(9, 40, 41)	*Yes*
6	1	35	12	37	(12, 35, 37)	*Yes*
6	2	32	24	40	(24, 32, 40)	*No*
6	3	27	36	45	(27, 36, 45)	*No*
6	4	20	48	52	(20, 48, 52)	*No*
6	5	11	60	61	(11, 60, 61)	*Yes*
7	1	48	14	50	(14, 48, 50)	*No*
7	2	45	28	53	(28, 45, 53)	*Yes*
7	3	40	42	58	(40, 42, 58)	*No*
7	4	33	56	65	(33, 56, 65)	*Yes*
7	5	24	70	74	(24, 70, 74)	*No*
7	6	13	84	85	(13, 84, 85)	*Yes*
8	1	63	16	65	(16, 63, 65)	*Yes*
8	2	60	32	68	(32, 60, 68)	*No*
8	3	55	48	73	(48, 55, 73)	*Yes*
8	4	48	64	80	(48, 64, 80)	*No*
8	5	39	80	89	(39, 80, 89)	*Yes*
8	6	28	96	100	(28, 96, 100)	*No*
8	7	15	112	113	(15, 112, 113)	*Yes*

表の3数をよく見ると、次のような予想ができる（もちろん証明可能）。たとえば、公式 $a = m^2 - n^2$、$b = 2mn$、$c = m^2 + n^2$ から、原始的なピタゴラス数が作れるのは、以下を満たす場合に限る。m と n が互いに素であり（つまり、1以外に公約数を持たず）、かつそのうちの1つだけが偶数でなくてはならない（ただし $m > n$）。

　ピタゴラス数の研究には際限がないと考えて良い。

　ここではほんの表面的に論じたにすぎないが、このトピックをもっと深く追究したい人のために、ここでこの本を紹介しておく。

The Pythagorean Theorem: The Story of Its Power and Beauty, by A. S. Posamentier (Amherst, NY: Prometheus Books, 2010)（邦訳なし。仮題『ピタゴラスの定理——その力と美しさの物語』）

代数に翻訳すると | *3*

lecture 42 硬貨を組み合わせてピタリと払うには

ドイツの数学者フェルディナント・ゲオルク・フロベニウス（1849年－1917年）の名にちなんだ数学の問題がある。よく知られたこの問題が問うのは、特定の金額の硬貨だけを使って組み合わせることのできない最大金額だ。具体的な例を見てこの問題を考えてみよう。

たとえばそれは、アメリカの硬貨を使って37セントを作れるかを判断するというものだ。

もちろん、37枚の1セント硬貨があれば十分なのは自明だ。だから1セント硬貨は考慮に入れない。1セント硬貨を使わずに、たとえば5セント、10セント、25セントの硬貨だけで37セントにできるだろうか？

少し考えれば答えはノーであることがわかるだろう。これらの硬貨はどれも5セントの倍数の価値を持つからだ。

次に、ある国にはたった2つの硬貨しかないとしてみよう。片方が5ユニットの価値、もう片方が7ユニットの価値だ。これら2種類の硬貨だけを使っていくらの金額を作れるだろうか？

硬貨 A の価値は5ユニット、硬貨 B は7ユニットであるとする。これらの硬貨の組み合わせで、37ユニットに相当するものが作

197

れるだろうか？　しばし考えてから先に進んでほしい。

　代数の言い方をすれば、$5x + 7y = 37$ を満たす非負の整数 x、y を見つけようとしているのだ。x と y は負ではあり得ない。

　なぜならば、硬貨の枚数を数えて負の数になることなど理に適わないからだ。

　37ユニットの場合、$x = 6$、$y = 1$ とすれば式が成り立つ。ところが、金額によっては硬貨 A と B をどう組み合わせても相当する価値が表せない。

　たとえば、$5x + 7y = 4$ には明らかに解がない。なぜならば2種類の硬貨とも4ユニットを上回る価値があるからだ。硬貨を1枚入れた途端、求めるべき4ユニットの価値を超えてしまうのだ。

　$5x + 7y = n$ は、正の整数 n が十分に大きければ常に解を持つことがわかる。解のない場合だけを見ると、解をもたらさない n には最大のものがある。

　解のない n の最大値を5と7のフロベニウス数といい、$g(5, 7)$ と書く。この例では、$g(5, 7) = 23$ だ。この計算を行なうための簡潔な公式を見てみよう。

　互いに素である（つまり、1より大きい公約数を持たない）正の整数 a、b が与えられたとすると、フロベニウスの硬貨交換問題は、a と b のフロベニウス数、$g(a, b)$ を問う。

　さらに一般化すると、互いに素である m 個の正の整数 a_1, a_2, ……, a_m が与えられるとき、フロベニウスの硬貨交換問題はフロベニウス数 $g(a_1, a_2, ……, a_m)$ を問う。

　ここで $g(a_1, a_2, ……, a_m)$ というのは、$a_1 x_1 + a_2 x_2 + a_3 x_3 +$

$\cdots\cdots+a_m x_m = n$ が解を持たないような最大の n だ（ただしすべての x は非負の整数）。

　初めてこの問題について学ぶなら、$a=5$、$b=7$ のような小さな数で少し試行錯誤してみても良いだろう。

　意外にも、要素が a、b という2つの場合には簡単な公式がある。フロベニウス数は $g(a, b) = ab - a - b$ で求められるのだ。今の例に当てはめれば、$g(5, 7) = 5 \cdot 7 - 5 - 7 = 23$ だ。

　さらに注目すべきなのは、要素が3つ（a, b, c）、あるいはそれ以上の場合について、対応する公式を見つけた人は誰もいないことだ。

　$g(a, b)$ を求める簡潔な公式は、19世紀後半にはイギリスの数学者ジェームス・ジョセフ・シルベスター（1814年 – 1897年）が知っていた。

　フェルディナント・ゲオルク・フロベニウスは、$g(a, b, c)$、あるいはさらに高次の場合に対して公式を見つけるというこの問題を、難題として学生に出していたと言われている。それゆえにフロベニウスの硬貨交換問題と名づけられているのだ。

　こんにちまでこの問題は未解決で、$g(a, b, c)$ に対応する公式はまだ知られていない。100年以上も経っているというのに！

　フロベニウスの硬貨交換問題は、数論に端を発する興味深い問題で、単純な言葉で表せる。

　数学のバックグラウンドが少々ありさえすれば理解できる代数だけを使うのだ。それなのにこの問題は100年を超える歳月にわたり、数学者をはねつけてきた。見かけは簡単そうなのに、

奥深くには思いもよらない困難がひっそりと隠れていることがある。こうした特徴は、何世代にもわたって数学者に挑み、数学者を誘惑し、それでいて頑として他を寄せ付けない数々の問題のなかにも見られるようだ。

　本章を通じて、数学的に興味深い問題を調べるときに代数の力を借りた方法をとれば、その方法が「うまくいく」理由の説明もつくということを体験した。こうした実証的な例を使って数学に命を吹き込み、数学の利便性を高め、数学を刺激的なものにすれば、きっとその恩恵にあずかれるだろう。

代数に翻訳すると | 3

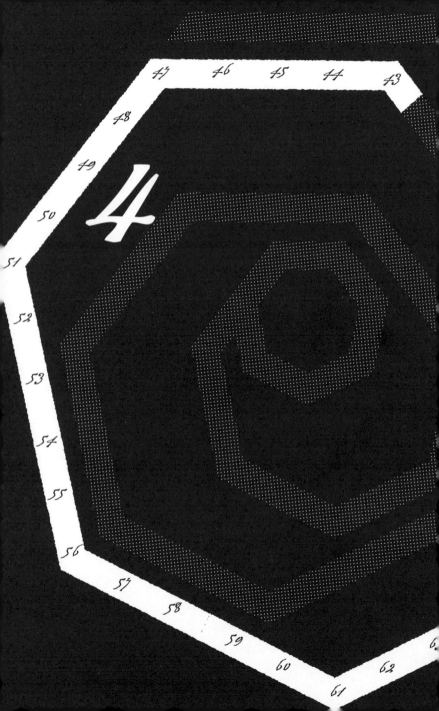

第4章

見慣れた
幾何学の
一歩先へ

高等学校の幾何学は、さらに高度な数学へと至る手掛かりになるはずだ。数学に強い人たちは、長年にわたりそう考えている。

　そう考える理由はおそらくこうだ。代数学は機械的なプロセスとして教えられる場合が多いものの、幾何学はそうではなくて、うまく教えれば論理的思考を身につけさせることができる。

　そして、その論理的思考は、さらに高度な数学を学ぶカギとなる。

　ところが、幾何学は高等学校で学ぶことですみからすみまで網羅できるものではなく、もっとずっと発展性のある科目だ。本章では、幾何学という分野から省かれることの多いトピックや概念のいくつかを探究する。ただしそれでも、発展の可能性に満ちたこの分野をほんの少しかじっているにすぎないことはくれぐれも理解してほしい。これから取りあげるようなトピックに触れると幾何学に対する理解や認識が深みを増し、数学的思考を磨くのにとても役に立つことに気づくはずだ。

　まずは幾何学のごく基本的な部分を新たな視点から眺めてみよう。そうすれば、幾何学的に考えようという意識が芽生えるだろう。これまでにみなさんが見聞きしたことのある多くの話題を取りあげるが、かなり多様な視点からそれらに迫っていく。たとえば、幾何学の課程のなかでおそらく何よりも広く知られているトピックの1つであるピタゴラスの定理に触れる。多くの人は$a^2+b^2=c^2$という形の式として記憶してはいるが、それ以外のことについてはあまり知らない。そこで本書では、その隙間のいくつかを埋めたい（といっても、あちこちに顔を出すこの関係性について、考え得る理解の仕方を余すところなく完璧に揃えるのは無理だ）。

　本書がみなさんの興味をそそるだけに留まらず、この驚くべき定理に関してここでは取りあげられなかった不思議な事柄の多くを探究しようと思うきっかけとなるように願っている。

lecture 43 | 長方形と平行四辺形と三角形

数学で何より有名な公式の1つが、$A = bh$ だ。多くの人はこの公式を見てすぐに長方形となんらかの関係があると直観するだろう。

長方形の面積 A は底辺の長さ b と高さ h を掛けて計算できる。この公式を使えば、底辺の長さが b、高さが h の平行四辺形の面積 A も求められることを直観する人もいるだろう。

なぜ、平行四辺形の面積の公式は、長方形の面積の公式と同じなのだろうか。その理由は簡単に理解できる。

figure **4-1　長方形と平行四辺形**

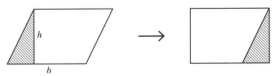

figure **4-1** に示した影つきの直角三角形を平行四辺形から切り出して、平行四辺形の反対側に移すことができる。そうすると長方形ができる。

平行四辺形も長方形も、同じ影つきと影なしの部分からでき

ていることに注意しよう。影つきの部分と影なしの部分の位置が変わっても、合計面積は変わらない。

したがって、平行四辺形の面積は長方形の面積に等しい。

さらに、平行四辺形を利用すると、三角形の面積を求める公式 $A = \frac{1}{2}bh$ の説明ができる。

figure **4-2　平行四辺形と三角形**

 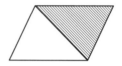

まずは、*figure* **4-2** の左側に示したように底辺の長さ b、高さ h の三角形を考える。ここでの目的は、右側に示したような平行四辺形を、左側に示した元の三角形の2枚のコピーを使って作ることだ。

三角形の影つきのコピーは右側の辺の中点を中心として $180°$ 回転させており、一方で、影なしのコピーは回転させていないことに注意してほしい。

平行四辺形の面積は bh であり、平行四辺形を作る2つの三角形の面積は等しい。したがって、それぞれの三角形の面積は $A = \frac{1}{2}bh$ であり、狙い通りだ。

長方形、平行四辺形、三角形の面積を求めるための一見重要には思えない公式は、学校でもおなじみのトピックだ。そうした公式もここに示すような簡潔な説明から、密接な関係にあることがわかる。

見慣れた幾何学の一歩先へ | *4*

lecture 44 | 格子を使って面積を求める

　一般的に、面積の計算は、対象とする図形の辺の長さを求めることにかかっている。

　たとえば、正方形の面積を求めるためには、辺の長さを知りそれを2乗するだけで良い。そのほかに正方形の面積を求める公式には、その対角線の2乗の半分を計算するというものがある。

　figure 4-3 に示したように円に内接する正方形を考えよう。

　内接する正方形の対角線の長さは円の直径 d に等しい。したがって、内接正方形の面積は $\frac{1}{2}d^2$ に等しい。それは、2本の対

figure 4-3　円に内接する正方形

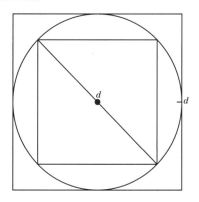

角線を引くとできる4つの直角三角形のそれぞれを考えると、1つひとつの面積が $\frac{1}{2}\left(\frac{1}{4}d^2\right)$ であり、その4つの三角形を合わせると正方形の面積が得られるからだ。

円に外接する大きな正方形は辺の長さが d（小さい正方形の対角線と同じ）であり、その面積は d^2 だ。

半径が $\frac{1}{2}d$ の円の面積は、円の面積を求めるおなじみの公式 πr^2 を当てはめるだけで良く、$\pi\left(\frac{1}{2}d^2\right)^2=\frac{1}{4}\pi d^2$ だ。

これで、内接正方形、外接正方形、円という3つの形の面積の比較もできる。

たとえば、内接正方形の面積と円の面積との比は $\dfrac{\frac{1}{2}d^2}{\frac{1}{4}\pi d^2}=\dfrac{2}{\pi}$ だ。

figure 4-4 **座標格子を使った面積の比較**

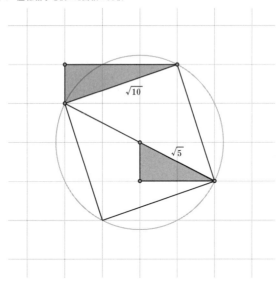

見慣れた幾何学の一歩先へ | 4

　これらの面積を比較するには、**figure 4-4** に示すように座標格子を利用する方法もある。

　半径が $\sqrt{5}$ の円を書き、そのなかに正方形を内接させるとしよう。

　figure 4-4 に示した2つの影つき三角形を使うと、上のほうにある影つき直角三角形の斜辺（内接正方形の辺でもあり、長さは s）は、ピタゴラスの定理をその直角三角形に当てはめて求められる。ここで求めようとしているのは斜辺の長さで、方程式のなかでは c（もちろん、ピタゴラスの方程式 $a^2+b^2=c^2$ の c のことだ）に当たる。

　格子を調べると、格子上では $a=1$、$b=3$ であることがわかる。ここでピタゴラスの定理を適用する。

　すると、$1^2+3^2=s^2$ より、$s=\sqrt{10}$ となる。こうして正方形の面積と円の面積を比較すると、

$$\frac{(\sqrt{10})^2}{\pi(\sqrt{5})^2}=\frac{2}{\pi} \text{ となる。}$$

　面積を比較する手順はほかにもう1つある。これは一般的に、高等学校の標準的な数学の授業の一環として教えられることはない。

　この手順が特に便利なのは、次のような状況で面積を比較したい場合だ。**figure 4-5** に示すように正方形 $ABCD$ の頂点と辺の中点を結ぶ線分を考える。ここで、小さい（影つきの）正方形の面積と大きい正方形 $ABCD$ の面積を比較するように求められているとしよう。

　その前に、影つきの領域が本当に正方形であると考えられるのはなぜかと当然問いたくなる。

明らかに対辺同士はそれぞれ平行であり、そのため、この影つきの領域は平行四辺形だ。

　また、$\triangle BAH \cong \triangle ADE$ より、$\angle 1 = \angle 3$ がわかる。一方、$\angle 1$ は $\angle 2$ の余角だ。したがって $\angle 2$ は $\angle 3$ の余角であり、結果として $\angle AJH = 90°$ となる。

　こうして小さい影つきの平行四辺形は長方形だと言える。一方、この図の全体は対称であり、それゆえにこの長方形はじつは正方形であると結論できる。

　こうしてこの影つきの領域が正方形であることが証明できたので、2つの正方形の面積を比較するという当初の問題に戻れる。

　先に示した方法を使うのではなく、*figure 4-6* に示すように格子を利用する。

　ここで、内側の正方形の辺から、大きな正方形の辺の中点を

figure 4-5 正方形 ABCD の頂点と辺の中点を結ぶ

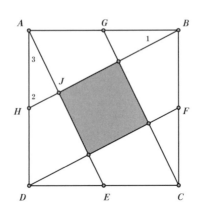

通る線分を延ばし、大きな正方形の各頂点から引いた垂線と交わるようにしたことに注意する。図の上のほうにある影つきの2つの三角形が合同であることは簡単に証明できる。

大きな正方形の4辺それぞれの周りでうまく場所を移動させることで、斜めの十字形の面積が元の大きな正方形の面積と等しいことが示せる。

もうあとは簡単だ。真ん中の影つき正方形の面積は斜めの十字形の面積の$\frac{1}{5}$であり、大きな正方形の面積の$\frac{1}{5}$であることがわかる。

figure 4-6　先程の図形を格子状に

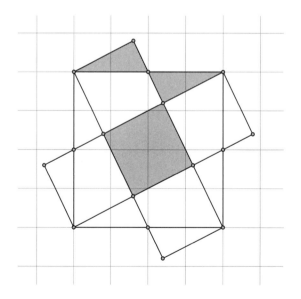

この手法はさらにもう少しややこしい状況でもとても役に立つ。同じ手順を今度は、正方形の辺の中点を利用するのではなく、*figure 4-7* に示すように、3等分点（線分を3つの等しい線分に分割する点）を使ってやってみるとしよう。

今回も内側の正方形の面積と外側の大きな正方形の面積の比を求める。

この場合も、格子を使って求めたい答えが得られることがわかる。次に述べる合同は、*figure 4-8* に示す通り、簡単に確かめられる。

$$\triangle JAB \cong \triangle GCB \cong \triangle EDG \cong \triangle EFJ$$

するとそのことから、正方形 $EGBJ$ の面積は図形 $ABCDEF$

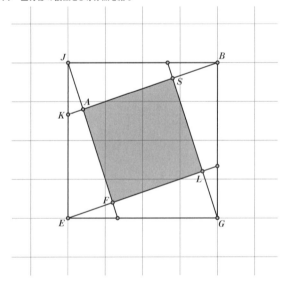

figure 4-7 正方形の頂点と3等分点を結ぶ

の面積と等しいことが簡単に示せる。

そして格子のます目を数えれば、内側の正方形（$ASLF$）の面積は図形$ABCDEF$の$\frac{4}{10}=\frac{2}{5}$であると結論できる。

この面積比較の方法は、通常の学校の授業では一般的に取りあげられない。とはいえ、この方法のおかげで、ずっと以前から教えられてきた数々の方法よりもうんと簡単に答えが求められる場合が多い。

さらに、数を処理する能力よりも視覚的空間的能力がすぐれている人がこの方法で教われば、一段と興味をそそられるかもしれない。

figure 4-8 **ます目を整える**

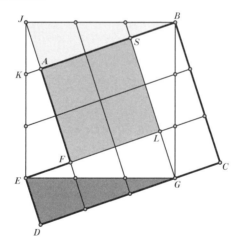

lecture 45 四角形の「中心」はどこだ?

　幾何学を学ぶに当たり、三角形の中心、つまりその三角形をバランス良く支えられる点は重心と呼ばれ、中線の交点であることが知られている。

　ところが、幾何学の授業ではなぜか、四角形の中心を定めようとはしていない。こうした幾何学の知識の隙間を埋めるため、ここでは四角形の2つの中心について考えよう。

　四角形の重心（幾何的重心）とは、密度が一様である四角形をバランス良く支えられる点のことだ。この点は次のようにして見つけられる。

　MとNをそれぞれ$\triangle ABC$と$\triangle ADC$の重心とする →figure 4-9 。KとLをそれぞれ$\triangle ABD$、$\triangle BCD$の重心とする。MNとKLの交点Gが四角形$ABCD$の重心だ。

　重心とは別に、四角形の中心点（物理的重心）というものを考えることもできる。これは、四角形の対辺の中点を結ぶ2本の線分の交わる点のことだ。四角形の4つの各頂点から同じ錘を下げたとすると、この点で四角形をバランス良く支えられる。先ほどとは違う四角形$ABCD$について調べてみよう。**figure 4-10** に示したGが四角形$ABCD$の中心点だ。

見慣れた幾何学の一歩先へ | 4

figure 4-9 四角形の重心

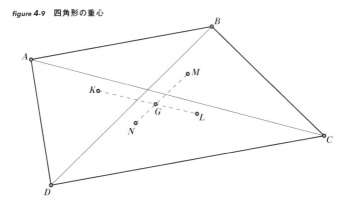

figure 4-10 四角形の中心点

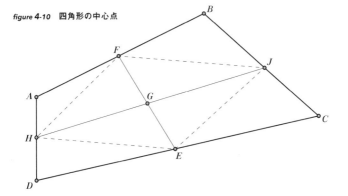

さらに一歩進むために、任意の四角形で対辺の中点を結ぶ線分は互いに他を2等分することに注目しよう。それが正しいのは、その2本の線分がじつは、四角形の隣り合う辺の中点を結んでできる平行四辺形の対角線であり、互いに他を2等分することからわかる。

figure 4-11 において、点 P、Q、R、S は四角形 $ABCD$ の辺の中点だ。たった今、中心点 G は PR と QS の交点として決まるものとして定めた。

figure 4-11 中心点と対角線の中点を結ぶ線の関係

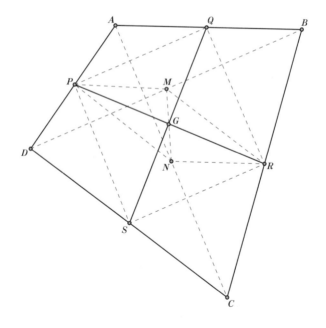

見慣れた幾何学の一歩先へ | 4

　線分PRとQSと、四角形の対角線の中点M、Nを結ぶ線分MNとの間には興味深い関係性がある。すなわち、四角形の対角線の中点を結ぶ線分は中心点で2等分されるのだ。

　これは **figure 4-11** を考えれば正しいことがわかる。ここでMは線分BDの中点であり、Nは線分ACの中点だ。そしてP、Q、R、Sは四角形$ABCD$の辺の中点だ。

　そこで△ADCにおいてPNは中点を連結する線分（三角形の2本の辺の中点を結ぶ線分で、3本目の辺と平行で長さはその半分）なので、$PN \parallel DC$、かつ$PN = \frac{1}{2}(DC)$。

　同様に、△BDCにおいてMRは中点を連結する線分だ。したがって、$MR \parallel DC$であり、$MR = \frac{1}{2}(DC)$となる。

　$PN \parallel MR$、$PN = MR$であり、$PMRN$は平行四辺形だ。

　平行四辺形の対角線は互いに他を2等分するので、MNの中点とPRの中点は一致し、その点は先に四角形の中心点として定めたGとなる。四角形には、驚くような事実がもっとたくさんある。またのちほど、紹介しよう。

lecture 46 | 三角形の面積の公式の先にあるもの

三角形の面積を求める公式は1つではない。

最初に登場するのは、面積は底辺と高さの積の半分である（面積$=\frac{1}{2}bh$）というものだ。

のちに、これよりも高度な公式が登場する。三角形の2辺の長さとその夾角が与えられるとき、三角法を利用し、

面積$=\frac{1}{2}ab\sin C$となる →*figure 4-12*。

さらには、三角形の3辺の長ささえわかればその面積が求められる。それがヘロンの公式だ。

これはアレクサンドリアのヘロン（紀元10年頃 − 70年頃）が作りだしたとされているもので、辺の長さがa、b、cである三角形の面積は、面積$=\sqrt{s(s-a)(s-b)(s-c)}$（ただし半周長$s=\frac{a+b+c}{2}$）という公式で求められるというものだ。

たとえば、辺の長さが9、10、17である三角形の面積を求めたいときにこの公式を使うと、$s=\frac{9+10+17}{2}=18$、よって面積$=\sqrt{18\cdot(18-9)(18-10)(18-17)}=36$となる。

この公式について、もう少し調べてみよう。すべての三角形に

figure 4-12 三角形の面積の公式

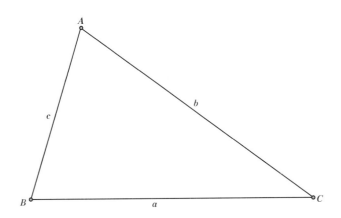

は外接する円（つまり3つの頂点すべてを通る円）がある。ここで、円に内接する三角形に注目し、1つの頂点で2本の辺を切り離す。ただし端点は2つとも円周上に乗せたままにする。**figure 4-13** に示す通りだ。

すなわち、点 A を「割いて」2つ目の点 A' を作るのだ。こうすると、4つの頂点がすべて円周上にある四角形を作ることができる。これを円に内接する四角形という。

新しくできた辺 AA'（長さは d）を考慮に入れることで、ヘロンの公式をこの四角形に拡張できる。円に内接する四角形の面積を求める公式は、面積＝$\sqrt{(s-d)(s-a)(s-b)(s-c)}$ だ。これは、三角形の面積を求めるヘロンの公式で s を $(s-d)$ に置き換えたものである。このすばらしい公式を最初に見いだしたのはインドの数学者ブラーマグプタ（紀元598年 – 670年）だ（ちなみに、

ブラーマグプタは初めてゼロの計算を行なった人だとも考えられている)。

だから、円に内接する四角形ならば、それがどのようなものであっても、辺の長ささえ与えられれば面積がわかる。

円に内接し、辺の長さが 7、15、20、24 である四角形の場合、ブラーマグプタの公式によれば $s=\dfrac{7+15+20+24}{2}=33$ であり、したがって

面積 $=\sqrt{(33-7)(33-15)(33-20)(33-24)}=234$

となる。

次のことにも注意してほしい。任意の四角形の 4 辺が与えられただけでは、その面積は求められない。

というのも、それだけでは図形は 1 つに決まらないからだ。つまりいろいろな長さの棒が 4 本あり、それで四角形を作るとする。作り得る四角形の形はいくらでもあるというわけだ。ところが、頂点をすべて同じ円周上に乗せると形は決まる。したがって面積が計算できる。

figure 4-13　三角形の頂点を「割く」

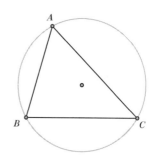

4辺の長さが与えられた場合に、四角形の形を一意に決める方法はほかにもある。1組の対角の大きさが与えられれば良い。その場合、次の公式から四角形の面積が求められる。

$$面積 = \sqrt{(s-a)(s-b)(s-c)(s-d) - abcd \cdot \cos^2\left(\frac{A+C}{2}\right)}$$

ここでAとCは対角の大きさだ。このややこしい公式を恐れることはない。ただしAとCの角度を足すと180°になる場合には、これはブラーマグプタの公式になることにだけ注意しておこう。なぜならば、1組の対角が補角をなす四角形は円に内接し、上記の公式では$\cos^2\left(\frac{180}{2}\right) = 0$となるからだ。

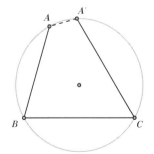
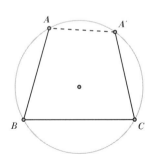

lecture
47 | ヘロンの三角形を探せ

　ヘロンの公式が使えるようになると、三角形の辺の長さにもよるとはいえ、面積が無理数になる場合にも多く出合うようになる。

　ここで考えてみたいのは、三角形の辺の長さがどういった組み合わせのとき面積が整数になるかということだ。面積が整数となる三角形を、ヘロンの三角形と呼ぶ。

　直角三角形の辺の長さが整数の場合、面積は斜辺以外の2辺の積の半分なので、斜辺以外の辺のうち少なくとも1本が偶数であれば面積も整数となる。

　また、このような直角三角形を2つ、同じ長さの辺で合わせればヘロンの三角形ができる →figure 4-14 。

　各直角三角形の面積は整数、すなわち、それぞれ30、54なので、辺の長さが13、14、15である三角形（つまり辺BCと辺DFを並べてできる三角形）の全体の面積は、30＋54＝84となる。

　これはヘロンの公式に当てはめて確認することもできる。面積 $=\sqrt{(21)(21-13)(21-14)(21-15)}=84$ だ。

　ヘロンの三角形がすべて、今行なったように2つの直角三角

見慣れた幾何学の一歩先へ | 4

figure **4**-14　ヘロンの三角形の作り方

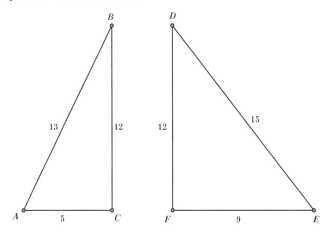

figure **4**-15　直角三角形から作ったヘロンの三角形

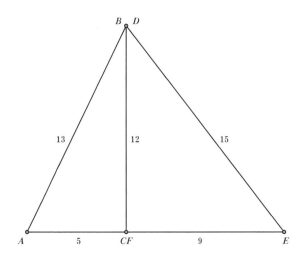

形の辺を並べて作られるわけではない。

たとえば、辺の長さが5、29、30である三角形は面積が72だ（ヘロンの公式に当てはめると面積 $= \sqrt{(32)(32-5)(32-29)(32-30)} = 72$ となる）。

この場合、頂点から対辺に下ろした垂線の長さはどれも整数ではないため、辺の長さが整数である2つの直角三角形を合わせてこの三角形を作ることは不可能だ。

一方で、辺の長さが有理数である直角三角形を考えるなら、先に行なったように2つの直角三角形を合わせてこの三角形を作ることができるだろう。

ただし、ヘロンの三角形では頂点から対辺に下ろした垂線の長さがすべて有理数でなくてはならないことに注意しよう。このヘロンの三角形を2つの直角三角形にわけると、辺の長さはそれぞれ $\frac{7}{5}$、$\frac{24}{5}$、5、および、$\frac{143}{5}$、$\frac{24}{5}$、29となる **figure 4-15**。

次に示すのは辺の長さが整数であるヘロンの三角形の一覧だ。

table 4-1 ヘロンの三角形の一覧

面積	辺の長さ	辺の長さ	辺の長さ	周長
6	5	4	3	12
12	6	5	5	16
12	8	5	5	18
24	15	13	4	32
30	13	12	5	30
36	17	10	9	36
36	26	25	3	54
42	20	15	7	42
60	13	13	10	36
60	17	15	8	40
60	24	13	13	50
60	29	25	6	60
66	20	13	11	44
72	30	29	5	64
84	15	14	13	42
84	21	17	10	48
84	25	24	7	56
84	35	29	8	72
90	25	17	12	54
90	53	51	4	108
114	37	20	19	76
120	17	17	16	50
120	30	17	17	64
120	39	25	16	80
126	21	20	13	54
126	41	28	15	84
126	52	51	5	108
132	30	25	11	66
156	37	26	15	78
156	51	40	13	104
168	25	25	14	64
168	39	35	10	84
168	48	25	25	98
180	37	30	13	80
180	41	40	9	90

198	65	55	12	132
204	26	25	17	68
210	29	21	20	70
210	28	25	17	70
210	39	28	17	84
210	37	35	12	84
210	68	65	7	140
210	149	148	3	300
216	80	73	9	162
234	52	41	15	108
240	40	37	13	90
252	35	34	15	84
252	45	40	13	98
252	70	65	9	144
264	44	37	15	96
264	65	34	33	132
270	52	29	27	108
288	80	65	17	162
300	74	51	25	150
300	123	122	5	250
306	51	37	20	108
330	44	39	17	100
330	52	33	25	110
330	61	60	11	132
330	109	100	11	220
336	41	40	17	98
336	53	35	24	112
336	61	52	15	128
336	195	193	4	392
360	36	29	25	90
360	41	41	18	100
360	80	41	41	162
390	75	68	13	156
396	87	55	34	176
396	97	90	11	198
396	120	109	13	242

　これらのヘロンの三角形のなかには、面積と周長の値が等しいものもある。これもまた、味わいのある独特な性質だ。

見慣れた幾何学の一歩先へ | 4

lecture 48 公式を遊び倒す

　初等幾何学はかなり昔から広く研究されたてきた。先に述べたように『Stoicheia』（ギリシャ語では、$\sum \tau o\iota \chi \varepsilon \acute{\iota} a$）は、アレクサンドリアのユークリッド（紀元前300年頃）が執筆し、現在ではユークリッドの『原論』としてよく知られた著作であり、じつのところ、幾何学について現在知られていることの多くがここにすでに書かれている。

　三角形は平面幾何学で最も基本的な形であり、より複雑な形を作り出していく構成要素だと捉えられる。すべての多角形は三角形に分解できる。

　こんにち三角形について知られていることの多く、そして、三角形について習うことのおそらくすべてを、古代ギリシャ時代の数学者は知っていたのである。

　さらに言うと、平面の三角形を学ぶことは、高度な数学の概念を必要とはしないという意味でさほど難しいものではない。誰でも紙と鉛筆を用意して三角形でいろいろと試したり、面積を求める公式を見つけたり、特定の角と辺の関係性を見いだしたり、内接円や外接円を作図する方法を理解したりできる。

有名なピタゴラスの定理も、定理では何を言っているのか、したがって何をすべきなのかがわかれば、その証明を独自に考えだすことだってできるはずだ。

三角形は極めて基本的な形であるゆえ、何千年にもわたって、無数の数学愛好家や専門家が研究に取り組んできた。

だから、三角形についてこれまでにない結果が出てくるなんてもう期待はできないと思うだろう。ところが何と、三角形の幾何学のような、数学のなかでもとりわけ古い分野での新たな発見は、稀なこととはいえ、いまなお続いている。

時折、新しい結果が発表される。なぜそうした結果が魅力的なのかというと、とても初等的で、高等学校で学び幾何学の問題を解くことを楽しめる人であれば誰でも発見できたであろうものなのに、これまで明確に認識されていない（あるいは少なくとも発表されていない）からだ。

そのような新しい結果の1つに、2000年のアメリカの数学者ラリー・ヘーンによって発見されたものがある。3ページの論文「A Neglected Pythagorean-like Formula（ピタゴラスの定理に似ているが顧みられない公式）」が『The Mathematical Gazette（数学学報）』誌の84巻で発表されている。

ヘーンは序文でこう述べている。「この公式はきっと何度も発見されている。しかしながら数学の文献にはいまだ登場していないようだ」。

それまで発表されることのなかったこの公式は何について語っているのか？ **figure 4-16** に示すように二等辺三角形 **ABD** を考える。線分 **BC** は **AD** に垂直で二等辺三角形 **ABD** を2つの直角三角

形にわけている。ここで、ピタゴラスの定理より、$c^2 = a^2 + b^2$ がわかる。

figure 4-16　二等辺三角形ABD

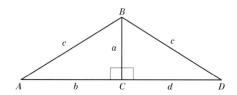

figure 4-17 に示しているように、点Cを左に移動するとしよう。線分CDの長さをdで表す。

ヘーンは、$c^2 = a^2 + bd$ だと主張した。これはピタゴラスの定理に少し似た関係性だ。

もっと明確に言えば、ピタゴラスの定理の一般化だと解釈できる。なぜならば、特別な場合としてピタゴラスの定理を含むからだ。確かに、線分BCと線分ADが直角をなしていれば$b = d$となり、ヘーンの公式は$c^2 = a^2 + b^2$となる。

figure 4-17　ヘーンの公式

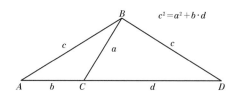

figure 4-18 ヘーンの公式の証明

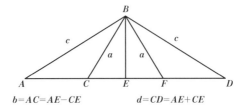

このときピタゴラスの定理を直角三角形 ABE に当てはめると、$c^2 = AE^2 + BE^2$ となる。直角三角形 BCE に当てはめれば $a^2 = BE^2 + CE^2$ が言える。これら2つの等式の引き算をすれば、

$$c^2 - a^2 = AE^2 + BE^2 - (BE^2 + CE^2) = AE^2 - CE^2$$
$$= (AE - CE)(AE + CE) = AC \cdot CD = bd$$

となる。

この公式は等脚台形の辺と対角線の間に成り立つ興味深い関係性も示している。これを確かめるために、*figure 4-17* の二等辺三角形を、線分 BC で切り離し、2つの三角形を作る。*figure 4-19* に示す通りだ。

figure 4-19 二等辺三角形を分割する

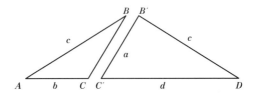

ここで三角形 ABC を辺 AB に関して折り返し、A が B' に、B

がDに重なるように、三角形$B'DC'$につける。こうして、bとdを平行な辺、cを対角線とする等脚台形$C'B'CD$ができる →figure 4-20 。

公式$c^2 = a^2 + bd$は等脚台形の対角線と辺の関係性だと解釈することもできるのだ。この公式を使えば、たとえば、等脚台形の辺の長さが与えられたときに、対角線の長さが計算できる。

figure 4-20　等脚台形 C′B′CD

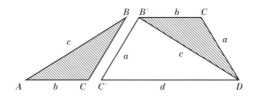

もちろん等脚台形の対角線の長さを求めるこの公式は、ほかの方法でも導ける。

ここで言いたかったのは、ある幾何学的図形に対する関係性、あるいはもっと一般的に、数学のある問題の解法を見いだしたなら、それをあれこれと試し、別の状況に応用してみようとする価値が必ずあるということだ。そのおかげで、その解法のまったく新しい意味が明らかになるかもしれないし、元の問題とは見たところまったく異なる状況でその解法を探究できるかもしれない。

結論として、初等幾何学は、注目されるのを待つ数学の問題や、思いもよらない未発見の関係性で溢れる広大な遊び場をなおも提供している。誰もがゲームに参加できるのだ！

lecture 49 | 点を数えて面積を求める

長方形や三角形の面積にはなじみがある。では、figure 4-21 に示す影つきの多角形のような、ずいぶんと風変りな形をしたものの場合に面積はどのように考えたらよいだろうか?

figure 4-21　この図形の面積を求めるには

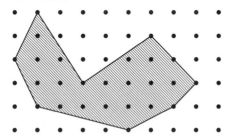

幾何学で面積について勉強するとき、普通はまず、三角形、長方形、円などの基本的な図形の面積を理解する。さらに複雑な形、たとえば figure 4-21 に示したようなものの面積を求めるなら、標準的なやり方では、その図形をもっと小さくて扱いやすい基本的な図形に切りわけ、小さな断片の面積を足し合わせて全体の面積を得る。

figure 4-22 **基本的な図形への切り分け**

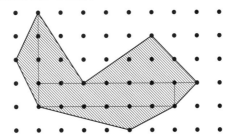

figure 4-22 では、問題を三角形や長方形の面積を計算する問題へと整理するための単純化の手順を説明している。

図中の5つの三角形と1つの長方形の面積を計算し、それらをすべて足して、全体の面積19.5を得るのは練習問題とする。

この場合には、この手順が間違いなく役に立ち、影つきの領域の面積を求めることができる。

ところが、ほかにももっと簡潔な方法が使える。それがピックの定理だ。

格子点、つまり平面上でx座標もy座標もどちらも整数である点に注目しよう。

頂点が格子点である多角形のことを格子多角形という。*figure 4-21* での影つきの多角形は格子多角形の一例だ。

ピックの定理は、格子多角形の面積をその多角形内の点を数えることによって計算するための簡潔な公式である。

境界点はその名の通り、格子多角形の境界上にある格子点のことだ。*figure 4-23* で境界点は丸で囲んである。Bを境界点の

個数であると定義しよう。この場合は$B=9$だ。

figure 4-23　境界点

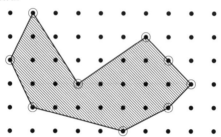

　内部点とは格子多角形の内部に含まれるが、境界上にはない点をいう。**figure 4-24** では、内部にある点を丸で囲んである。Iを内部にある点の個数とする。この場合は$I=16$だ。

figure 4-24　内部点

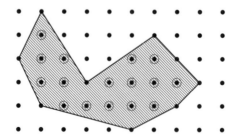

　ピックの定理は、格子多角形の面積Aを次のように計算できると述べている。

$$A = \frac{B}{2} + I - 1$$

上記の例の場合、面積は $A = \frac{9}{2} + 16 - 1 = 19.5$ だ。

　見慣れた図形とは違う込み入った領域に出合った場合には、その領域を見慣れた形に分解して状況を簡潔にするのが望ましいやり方だ。複雑なものをそれよりはよく知っている簡単なものに帰着させるというこの手段は、数学のあちこちで登場する。ピックの定理は、この指針を想像を超えるほど進化させ、格子多角形の面積の計算問題を単に点を数える問題に変換している。

lecture 50 | 交差する直線が 円に交わると

　交差する2本の線分と1組の平行な直線が交わってできるさまざまな線分の比に関する法則、つまり、平行線と線分の比の定理を覚えているだろうか。*figure 4-25* で示しているのは、点 P で交

差する2本の直線、および、1組の平行な直線 AB、CD だ。

figure 4-25　点Pで交差する2本の直線と1組の平行線

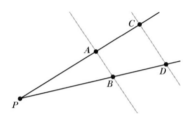

figure 4-26　平行線を円に置き換えた場合

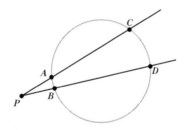

　三角形 APB と CPD が相似であることから、平行線と線分の比の定理より、$\frac{PA}{PC}=\frac{PB}{PD}$、すなわち、$P$ を通る1本目の直線上の2本の線分の比は、P を通るもう1本の直線上の対応する2本の線分の比に等しい。この関係は $PA \cdot PD = PB \cdot PC$ と書くこともできる。

　平行線と線分の比の定理は直線、すなわち初等平面幾何学での基礎的な図形に関するものとなっている。とはいえ、初等平面幾何学で描く「線」はほかにもある。

見慣れた幾何学の一歩先へ | 4

　特に重要なのが円弧と完全な円だ。平行線と線分の比の定理における1組の平行な直線を、円で置き換えたらどうなるだろうか?

　すると、状況は figure **4-26** のようになる。このとき、PA、PC、PB、PDにはなおも何らかの数学的関係性が残されているだろうか?　それがあるのだ!

　$\dfrac{PA}{PB}=\dfrac{PD}{PC}$ が成り立つので、この比の交差積をとると $PA \cdot PC = PB \cdot PD$ であることがわかる。

　これは円の内か外の任意の点Pと、Pを通り円に交わる任意の2本の直線に対して成り立つ。

　たとえば直線PACが円に接するときには、(AとCが一致するので)$PA = PC$となるが、先の記述は変わらず正しい。

　このちょっとした定理の証明を示す前に、幾何学的意味を重視するために少し違う言い方をしてみよう。

　ある円と、その円の内部または外部の1点Pが与えられている。Pを通り、点Aと点C(2点は一致しても良い)で円と交わる直線を引く。すると直線をどのように引いても、積$PA \cdot PC$の値は必ず同じになる。

　それでは証明を見てみよう。ここではPが円の外部にあり、2本の直線は円と2回交差する(つまり円の割線である)場合だけを考える。だからほかに考えられる場合の証明はぜひみなさんが完成させてほしい(Pが円の内部にある場合は figure **4-27** に示してある)。

figure 4-27　円と円の内部点P

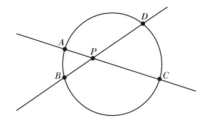

まず、補助線として弦ADとBCを引く。*figure 4-28* に示す通りだ。同じ弧$\overarc{CD}$に対する2つの円周角は等しいので、$\angle CAD = \angle CBD$だ。

結果として、その補角も等しく、$\angle PAD = \angle PBC$だ。ここで*figure 4-29* に示す通り、三角形PADと三角形PBCを見ると、それらは相似であると結論できる。

相似な三角形の対応する辺の比は等しいことから、$\dfrac{PA}{PB} = \dfrac{PD}{PC}$であり、したがって、$PA \cdot PC = PB \cdot PD$だ。これは平行な直線と交わる場合とは多少異なるものの、類似した関係だ。

figure 4-28　補助線として弦を引く

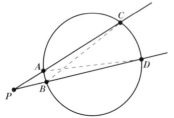

figure 4-29　相似な三角形が現れる

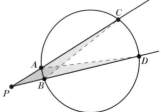

lecture 51 | 三角法の始まり

figure 4-30 弦関数

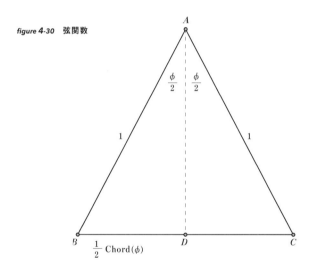

三角法を高等学校で初めて教わるとき、まず出てくる3つの関数が、正弦（サイン）、余弦（コサイン）、正接（タンジェント）だ。

初めて三角法の表を作成したのは、ギリシャの天文学者ヒッパルコス（紀元前190年頃 – 120年頃）だとされている。また、初期の三角法の表を作るために用いられた最初の三角関数は、弦関数と呼ばれていた。

ヒッパルコスは、月や太陽の軌道の離心率を計算する必要に迫られた。そこで、弦関数の値の表を作りあげたというわけだ。この弦関数と、現代の三角関数との関係を考えてみよう。

　figure 4-30 は、2辺の長さがともに1で、その夾角がϕである二等辺三角形を示している。この二等辺三角形の底辺の長さを$\mathrm{chord}(\phi)$と定義する。これが弦関数だ。

　頂点Aから辺BCへ垂線を下すと、BDの長さは$\frac{1}{2}\mathrm{chord}(\phi)$となる。

　したがって、$BD = \sin\left(\frac{\phi}{2}\right)$より、$\mathrm{chord}(\phi) = 2\sin\left(\frac{\phi}{2}\right)$となる。

　正弦関数は弦関数を使って$\sin(\phi) = \frac{1}{2}\mathrm{chord}(2\phi)$と表せる。

　この関数からヒッパルコスが作った表はもはや存在しないものの、この種の三角関数の表で現存する最古のものは、プトレマイオスの『アルマゲスト』（訳注　薮内清訳、恒星社厚生閣、1993年）に見られる。

　2000年以上も前に精度の高い成果を出したというのが、驚くべき偉業であることは間違いない。基本的な弦関数をいくつか挙げると、$\mathrm{chord}(60°) = 1$、$\mathrm{chord}(90°) = \sqrt{2}$などがあった。この初期の表は$\frac{1}{2}$度刻みで作られており、小数第6位まで正確だ！

　これが三角法の始まりだった。今では高等学校レベルで触れる一般的な三角関数だが、過去数百年にわたり、これら詳細な表を記したさまざまな書籍によって別々に裏づけられていた。現在では電卓がそのつとめを果たしている。

見慣れた幾何学の一歩先へ | *4*

lecture 52 | 小さな角度の 正弦を求めるには

　三角法を学習するとたいがい $30°$ や $45°$ や $60°$ といった特別な角度の正弦や余弦の値を覚えることになる。

　そのほかのほとんどの角度については、表を確認するか、電卓を叩くかしかなかったかもしれない。

　ではここで、電卓なしで正弦値の精度の高い近似値を求める方法について考えよう。ただしその方法は、ラジアン（弧度）で表した小さい角度にのみ使える。 $\sin\theta \approx \theta$ となるからだ。

　まずは単位円を使った三角法を思い出そう。単位円、つまりデカルト座標の原点を中心とする半径が 1 である円上で、点 $(1, 0)$ から出発して、角度 θ ラジアンだけ回転する。

　正の角度の場合には反時計回り、負の角度の場合には時計回りだ。ここでの目的に合わせて、角度は弧度法で表している。

　正弦値は、角度 θ だけ回転した先である単位円上の点 (x, y) の y 座標として定義される。

　つまり、 $y = \sin\theta$ だ。同じように、余弦値はこの点の x 座標であり、 $x = \cos\theta$ と書ける。

figure 4-31 単位円を使った三角法

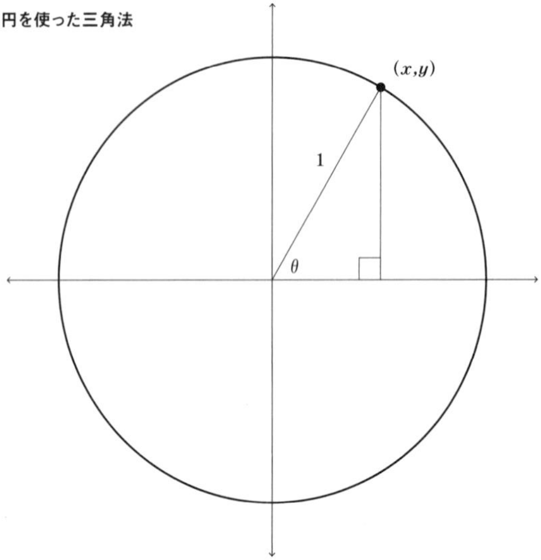

　単位円の三角法での正弦と余弦の定義は、直角三角形の三角法から導かれる。**figure 4-31** に示した図から、角度 θ に対する「対辺」は、三角形の高さであるゆえ、長さは y だとわかる。また、斜辺の長さが 1 であることも、単位円の半径であることからわかる。

　だから、正弦を表す比は「斜辺分の対辺」であり、これは $\frac{y}{1} = y$ だ。こうして単位円の三角法では $y = \sin\theta$ であることが正しいと言える。「斜辺分の隣り合った辺」に関して同様の論理から、$x = \cos\theta$ がわかる。

　figure 4-32 に示すように、半径をほんの小さな正の角度分だけ回転させるとしよう。

　その結果、点 (x, y) は出発点 $(1, 0)$ からごく近いところにある。この話の流れでは、点 (x, y) と $(1, 0)$ の間の小さな円弧はほぼ垂直だ。

見慣れた幾何学の一歩先へ | *4*

　この円弧の長さと点 (x, y) と $(x, 0)$ を結ぶ垂直な線分の長さを比べてみよう。角度が小さくなればなるほどこの弧はますます垂直のように見え、その長さは垂直な線分の長さ y に近づくだろう。先に述べたことから、$y = \sin\theta$ であり、よって $\sin\theta$ はこの円弧の長さにおおよそ等しい。

　円弧の長さは弧度法でこの小さな角度 θ 自体にまさしく等しい。定義より、弧度法で角度 θ の値は、円弧の長さを円の半径 1 で割ったもので与えられるからだ。こうして、$\sin\theta \approx \theta$（ただし θ は弧度法で表した小さな角度）となる。

　θ が負の場合にはこれに少し手を加える必要があるものの、同様の流れで小さな負の角度でも $\sin\theta \cong \theta$ という近似が成り立つ。

　ラジアンで表した小さな角度の正弦値に対するこの単純な近似方法は、物理学や天文学や工学で特に便利で、弧度法の有益性を示すものにもなっている。

figure 4-32　**小さい角度 θ だけ半径を回転させる**

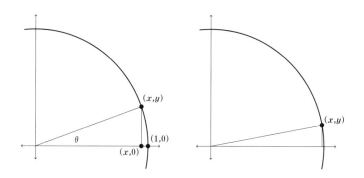

lecture 53 | いつもとは違った正弦の見方

　正弦は普通、直角三角形の2辺の長さの比、つまりは、その角の対辺と斜辺の比として導入される。

　ところが、正弦関数にはもっと一般性の高い幾何学的解釈もある。それは、直角三角形を一切必要としないものとなっている。

　この視点を理解すれば、いつもとは違う見方ができるようになり、正弦およびその幾何学的意味が一層よくわかるようになるはずだ。さらには、正弦定理を楽に証明できるようにさえなる。

　では、$\sin\alpha$ の幾何学的定義について考えていこう。

　figure 4-33 で示しているように、半径 R の円において、円上の1点で大きさ α の角を作る弦を BC とする。このとき、$\sin\alpha = \dfrac{BC}{2R}$ となる、というのが正弦の別の見方だ。

　証明について考える前に、今提示した関係性をよく見て、この定義が道理に適っていそうかどうかを確かめてみよう。

　角度 α を、弦 $A'C'$ が円の直径になるように描くとしよう。この状況は **figure 4-34** として描いている。

　そうすると、$\angle A'B'C'$ は直角でなくてはならず、図中で三角形 $A'B'C'$ は $A'C' = 2R$ を斜辺とする直角三角形となる。

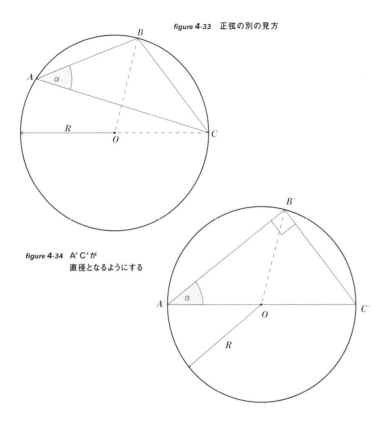

figure **4-33** 正弦の別の見方

figure **4-34** A′C′が
直径となるようにする

　こうして、*figure* **4-34** に示した特別な状況に対し、先に示した新しい定義は、実際に正弦関数の従来からの定義（斜辺 $A'C'$ の長さに対する、対辺 $B'C'$ の長さの比）に一致する。

　それでは証明しよう。
　ここで必要となるのは、（*figure* **4-33** に示す）一般的な状況が、じつのところ、（*figure* **4-34** に示すように）三角形の 1 辺が円の直径であ

るという特別な状況に常に帰着できるということだけだ。

　これが成り立つためには、円周角∠BACと∠$B'A'C'$の中心角が等しくなくてはならない。つまり、∠BOC=∠$B'O'C'$でなくてはならない。これはすなわち、BC=$B'C'$でなければならないということだ。

　したがって、正弦の通常の定義を当てはめるだけで$\sin\alpha$ = $\frac{B'C'}{A'C'}$ = $\frac{BC}{2R}$ が得られる。これがここで示したかったことだ。

　この関係性がわかると、任意の三角形に対して成り立つ、正弦の幾何学的解釈が明らかになる。つまり、与えられた任意の三角形に対し以下のことが言える。

　ある角の正弦は、その三角形の外接円の直径に対する、角の対辺の長さの比に必ず等しい。直角三角形では外接円の直径は斜辺に等しい。だからその場合は、正弦関数の通常の定義に落ち着く。

　つまり、従来とは違うこの見方で正弦関数を捉えると、ただちに任意の三角形での角の正弦の関係性が見えてくる。等式 $\sin\alpha$ = $\frac{BC}{2R}$ の両辺を単純に変形すれば、$\frac{BC}{\sin\alpha}$ = $2R$ となる。

　三角形ABCは円に内接すること、BCはまさに角 α の対辺であることを考えれば、任意の三角形で角 α、β、γ に対する対辺をa、b、cと表すとき、辺の長さとその対角の正弦の比は必ず三角形の外接円の直径と等しくなくてはならない。したがって、$\frac{a}{\sin\alpha}$ = $\frac{b}{\sin\beta}$ = $\frac{c}{\sin\gamma}$ であり、これを正弦定理と呼ぶ。

見慣れた幾何学の一歩先へ | *4*

lecture 54 | ピタゴラスの定理の思いもかけない証明たち

　ピタゴラス、ユークリッド、ジェームズ・A・ガーフィールド（1831年－1881年。アメリカ合衆国第20代大統領）。ここに挙げた男性の共通点は何だろう?

　3人とも、ピタゴラスの定理を証明したことである。1人目と2人目は驚くに当たらない。でも、ガーフィールド大統領は?

　彼は数学者ではなかったばかりか、数学を学校で教わったことさえなかった。ガーフィールドが幾何学を学んだのは、ピタゴラスの定理の証明を発表する25年ほど前のことだ。それは、正式な教育ではなく独力での勉強だった。1851年10月の日記に次のように記されている。「きょう、授業を受けるわけでも先生に習うわけでもなく、ひとりで幾何学の勉強を始めた」。

　ガーフィールドは下院議員時代、初等数学で「遊ぶ」ことを楽しみ、このよく知られた定理の巧みな証明方法を編みだした。1876年3月7日に講演のためにダートマス大学を訪れた際に2人の教授から勧められたこともあり、ほどなくその証明は『*New England Journal of Education*（ニュー・イングランド・ジャーナル・

オブ・エデュケーション）』誌で発表された。

　冒頭にはこのように綴られている。「オハイオ州出身の下院議員、ジェームズ・A・ガーフィールド少将に個人的に話を聞いたとき、ロバの橋に対し、次のような説明をしてくれた。これはガーフィールド議員がほかの議員とともに数学を楽しみ、議論を重ねるなかで思いついたという。今までにこんな証明を見た記憶はわれわれにはない。しかもそれで両議会の議員が党派を超えて協力できるなんてすごいことだ」 →figure 4-35

　ガーフィールドによる証明は極めて簡潔で、それゆえに「美しい」。まずは、2つの合同な直角三角形（△ABE≅△ECD）を、点B、C、Eが figure 4-36 に示すように同一直線上に並び、台形ができるように配置する。∠AEB＋∠CED＝90°から∠AED＝90°。よって、△AEDが直角三角形であることもわかる。

　ガーフィールドの図形を詳しく見てみよう。

　figure 4-36 にその図を再現してある。台形の面積＝$\frac{1}{2}$（底辺の和）（高さ）＝$\frac{1}{2}(a+b)(a+b)=\frac{1}{2}a^2+ab+\frac{1}{2}b^2$だ。

　3つの三角形の和（これは台形の面積でもある）

$=\frac{1}{2}ab+\frac{1}{2}ab+\frac{1}{2}c^2=ab+\frac{1}{2}c^2$だ。

　ここで台形の面積を表す2つの式を等号で結ぶと、

$\frac{1}{2}a^2+ab+\frac{1}{2}b^2=ab+\frac{1}{2}c^2$となり、したがって、$\frac{1}{2}a^2+\frac{1}{2}b^2=\frac{1}{2}c^2$だ。するとその式はおなじみの$a^2+b^2=c^2$となる。

　これはピタゴラスの定理だ。

見慣れた幾何学の一歩先へ | 4

figure **4-35** ガーフィールドによる証明

figure **4-36**
合同な三角形で台数を作る

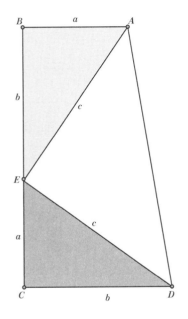

figure **4-37** 漢王朝の時代の弦図

　あまりあり得そうもないとはいえ、*figure* **4-37** に示した、漢王朝（紀元前206年 – 紀元220年）の前漢の時代に描かれた書をガーフィールドが知っていた可能性もあるのは言うまでもない。その書には弦図が載っている。この図からもガーフィールドの証明と同じような証明が得られる。

figure **4-38** にあるように、真ん中の大きな正方形の対角線を引き、大きな正方形の右側部分の影つき台形を考えるなら、ガーフィールドを導いたのと同じ配置になる。

figure **4-38**　弦図とガーフィールドの証明の関係

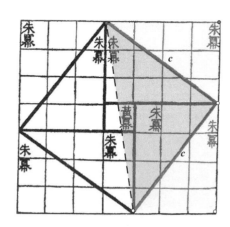

　一般的には、幾何学におけるこの基本的な定理を最初に作りあげたのはピタゴラスだと考えられているが、西洋以外の文化でもこの関係性がすでに知られていた可能性は大いにある。ところが、西洋の文化では、なおもピタゴラスの作ったものだとしている。

　ピタゴラスの定理の証明はほかにもたくさんあるものの、じっくり時間をかけてそれらを教えられる機会は少ない。

　アメリカの数学者エリシャ・S・ルーミス（1852年－1940年）は1940年に『*The Pythagorean Proposition*（ピタゴラスの命題）』

という書籍を刊行した。ここには、ピタゴラスの定理の370種類にも及ぶさまざまな証明が集められている。しかし、それ以降もさらに多くの証明が発表されてきた。

ここでそのような証明を1つ示しておこう。これは、簡単に証明できるし、ピタゴラスの定理がとてもよくわかるものだ。さらに、歴史の専門家は、ピタゴラスが使った証明方法は、*figure* 4-39 および *figure* 4-40 に示す方法だろうと推測している。おそらく床に敷かれたタイルのパターンから着想を得たのだろうという考えだ。

正方形1つから考え始めよう。これは *figure* 4-39 に示す通り、別の正方形に内接している。線分の長さはa、b、cだ。影なしの正方形の面積はc^2である。

figure 4-39　タイルのパターン

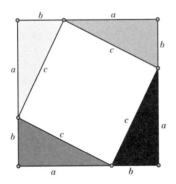

ここで4つの影つきの直角三角形を動かし、*figure* 4-40 に示すように大きな正方形のなかに並べる。

figure 4-40 パターンを動かす

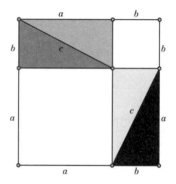

この方法で並べてみると、影なしの領域はそれぞれ正方形で、それらの面積の和は a^2+b^2 となる。**figure 4-39** と **figure 4-40** の2つの影なしの領域を等号で結ぶと $a^2+b^2=c^2$ となる。これはまぎれもなくピタゴラスの定理だ。

ルーミスはまた、ピタゴラスの定理の最も短い証明は次の通りだと述べている。**figure 4-41** で斜辺へ下ろした垂線を高さとする直角三角形がある。

図中のこれら3つの相似な直角三角形の関係を用いると、大きな三角形の斜辺以外の辺は、その辺に接し斜辺に重なる線分と、斜辺との比例中項であることがわかる。

すると次のような2つの方程式が得られる。直角三角形の斜辺でない辺 BC を使って

$\frac{c}{a}=\frac{a}{n}$ つまり、$a^2=cn$

また、直角三角形の斜辺でない辺 AC に対して

$$\frac{c}{b} = \frac{b}{m} \quad \text{つまり、} \quad b^2 = cm$$

となる。ここでこれら2つの方程式を加えるだけで以下のように言える。

$$a^2 + b^2 = cn + cm = c(n+m) = c^2$$

これは三角形ABCに対してピタゴラスの定理を当てはめたものだ。

figure **4-41 ピタゴラスの定理の最も短い証明のための図**

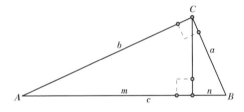

ピタゴラスの定理の証明として現在知られているものは、400を超えている。独創的なものが多く、なかには少々煩雑なものもある。

それでも、三角法を使ったものはない。なぜなのだろうか？するどい人であれば、三角法を使ったピタゴラスの定理の証明はあり得ないと言うだろう。なぜならば、三角法がピタゴラスの定理に依存している（つまりピタゴラスの定理を基にしている）からだ。三角法が依存している定理そのものを証明するのに三角法を使ってしまえば循環論法になってしまうのだ。

55

lecture

ピタゴラスの定理の先にあるもの ——パート1

　何世紀もの間、ピタゴラスの定理ほどたくさんの人たちを魅了してきた数学上の関係性はないと言っても良いだろう。先に述べたように、この有名な定理には400を超えるさまざまな証明がある。

　なかには、単に図をじっくり見るだけで証明できるものもある。たとえば、ピタゴラスの定理の基本的なアイディアである $a^2 + b^2 = c^2$ について考えると、これは幾何学的には **figure 4-42** に示したように、直角三角形の各辺上に正方形を置くことで表現できるのがわかる。

　ピタゴラスの定理で述べていることから、直角三角形の斜辺以外の辺上に置いた2つの正方形の面積の和は、その直角三角形の斜辺上に置いた正方形の面積に等しいことになる。

　この主張が正しいことを確かめるためのすばらしい方法がある。**figure 4-43** に示したように面積を移動していくというものだ。これは、平行四辺形の面積が底辺と高さの積に等しいという概念に基づいている。

　この概念から、底辺が同じで高さが等しい2つの平行四辺形

は面積が等しいと言える(正方形は平行四辺形でもあった)。(左から右へ)図を1つずつ順にたどっていくと、影つきの領域は段々と、直角三角形の斜辺以外の辺上にある2つの正方形から直角三角形の斜辺上の正方形へと移り、面積が等しいことがわかるというわけだ。

figure **4-42** ピタゴラスの定理の幾何学的表現

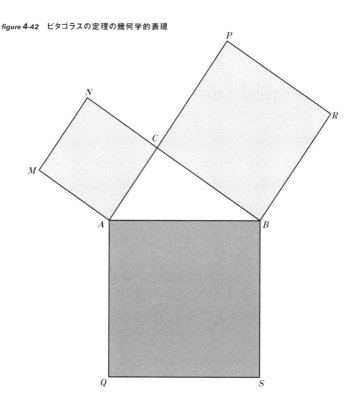

影つきの領域を3番目の位置まで移動すると、直線CKは2本の線分HA、GBに平行であり、三角形ABCの底辺と直角をなすこともわかる。

figure 4-43　面積の移動による定理の証明

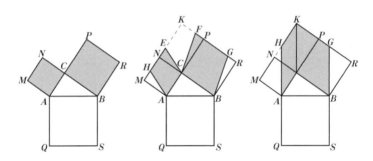

figure **4-44** で示すように、直角三角形の辺 a、b、c 上の正方形の面積にそれぞれ S_a、S_b、S_c と名前をつけるなら、ピタゴラスの定理は $S_a + S_b = S_c$ の形で書ける。

figure 4-44　面積をS_a、S_b、S_cで表す

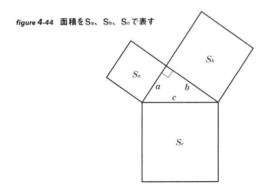

見慣れた幾何学の一歩先へ | **4**

　これをよく見ると、一般性の高い帰結にごく自然にたどり着くことができる。たとえば、$S_a + S_b = S_c$ ならば、$\frac{1}{2}S_a + \frac{1}{2}S_b = \frac{1}{2}S_c$ も成り立つことはすぐにわかるだろう。

　これらが表すのは三角形の辺上にある正方形の面積の半分なので、この式から「正方形の半分」の面積間の関係性がわかる。これは、*figure* **4-45** の左側にあるように、辺上の直角二等辺三角形の関係性であると解釈できる。

figure **4-45** 辺上の相似な三角形の関係性

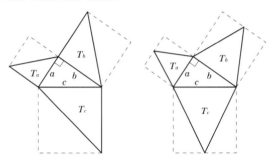

　あるいは、*figure* **4-45** の右側に示すように、元の直角三角形の辺上に底辺を持つ二等辺三角形に対して同じ関係性が得られる。どちらの場合も、$T_a = \frac{1}{2}S_a$、$T_b = \frac{1}{2}S_b$、そして $T_c = \frac{1}{2}S_c$ だ。したがって、$T_a + T_b = T_c$ と言える。

　もっと言えば、このタイプの結果は、直角三角形の辺上に描いた任意の相似な図形に対して正しい。直角三角形の斜辺以外の辺 a、b 上に描かれた2つの相似な図形の面積の和は、必ず斜辺 c 上に描かれた相似な図形の面積に等しいのだ。

その図形が正三角形という特別な場合については、*figure* 4-45 の右側に示した状況からわかる。

figure 4-46 で示す通り、長さ x の辺を正方形と共有する正三角形の高さは

$$a = \sqrt{x^2 - \left(\frac{x}{2}\right)^2} = \sqrt{\frac{3x^2}{2}} = \frac{\sqrt{3}}{2} \cdot x$$

だから、そのような三角形の面積 E_x は、

$E_x = \frac{1}{2} \cdot x \cdot \frac{\sqrt{3}}{2} \cdot x = \frac{\sqrt{3}}{4} \cdot x^2$ となり、したがって

$E_x = \frac{\sqrt{3}}{2} \cdot \frac{1}{2} \cdot x^2 = \frac{\sqrt{3}}{2} \cdot T_x$ と言える。

figure 4-45 において $T_a + T_b = T_c$ であることから、

figure 4-46 　一辺が x の正三角形の高さ

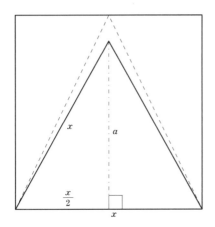

$$\frac{\sqrt{3}}{2} \cdot T_a + \frac{\sqrt{3}}{2} \cdot T_b = \frac{\sqrt{3}}{2} \cdot T_c \text{、つまり、} E_a + E_b = E_c$$

となる。

同様の議論は、直角三角形の辺上に互いに相似な任意の形を描く場合に成り立つ。この例を *figure 4-47* に示す。

figure 4-47 のどちらの場合にも、面積には $A_a + A_b = A_c$ という性質がある。言うまでもなく、すべてピタゴラスの定理に端を発する道筋として、たどってみることのできるものはほかにもたくさんある。次の2つのセクションでその例をいくつかお見せしたい。

figure 4-47 辺上の相似な図形の関係性

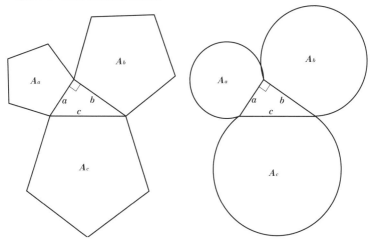

lecture 56

ピタゴラスの定理の先にあるもの——パート2

　前セクションで見たように、ピタゴラスの定理を拡張し、直角三角形の斜辺以外の辺と斜辺の上に置いた相似な多角形をほかにも考えることができる。2つの小さな多角形の面積の和は、大きな多角形の面積に常に等しい。多角形が正三角形である特殊な場合 *figure 4-48* として、前セクションで2つの小さな正三角形の面積の和が大きな正三角形の面積に等しいこと、つまり $T_3 = T_1 + T_2$ となることを確かめた。

　ではピタゴラスの定理を大きく飛び越えて、*figure 4-49* に示すように直角を $60°$ に変えてみよう。

　そうすると4つの三角形の面積間に成り立つ、これまで見たものとは大いに異なる関係性が得られる。

　真ん中の三角形の面積と、$60°$ の角の対辺上にある正三角形の面積との和は、残りの2つの正三角形の面積の和に等しくなるのだ。記号で表すとこれは、$T_0 + T_3 = T_1 + T_2$ と書ける。

　これを証明するためには、*figure 4-50* に示すように三角形をた

見慣れた幾何学の一歩先へ | 4

figure 4-48 直角三角形の辺上の三角形　　*figure 4-49* 直角三角形を変形させてしまう

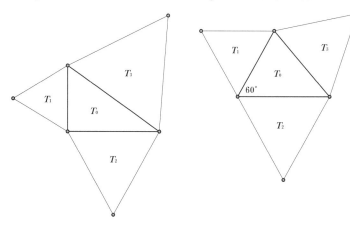

だ並べ直せば良い。ここで、大きな正三角形の辺上で頂点を共有する3つの角度の和は$180°$であることに注意しよう。

figure 4-50 三角形を並べ直す

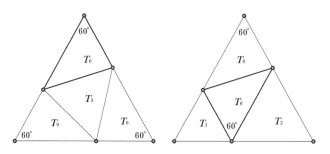

figure 4-50 の左側の図では、初めに$60°$の角の対辺上にあった三角形を、元は真ん中にあった三角形の3つのコピーが囲んでできた正三角形を示している。*figure 4-50* の右側では、元の真ん

中の三角形の2つのコピーと、60°の角をなす辺上に初めからあった2つの正三角形とで構成される大きな正三角形を示している。

figure 4-50 の左右2つの正三角形は面積が等しい。これがわかるのは、それぞれの辺の長さが、元の三角形で60°の角を夾角とする2辺の長さの和に等しいからだ。

こうしたことから、*figure 4-50* に示したような三角形の呼び方を使うと、次のような面積の関係性を構築することができる。それは、$3T_0 + T_3 = 2T_0 + T_1 + T_2$ というもので、これは次のような思いがけずすっきりとした関係性に行きつく。$T_0 + T_3 = T_1 + T_2$。

代数的に計算してみると、これは余弦定理の単純な結果となる。*figure 4-49* の真ん中の三角形の辺を a、b、c とすると（ただし辺 a と辺 b が60°の角をなすとする）、余弦定理から $c^2 = a^2 + b^2 - 2ab\cos 60° = a^2 + b^2 - 2ab\frac{1}{2} = a^2 + b^2 - ab$、よって $ab + c^2 = a^2 + b^2$ だ。

figure 4-51 で示すような長さ x、y の辺が60°の角をなす三角形をよく調べてみると、三角形の面積は $T = \frac{1}{2}xa_x = \frac{1}{2}xy\sin 60° = \frac{\sqrt{3}}{4}xy$ だ。

figure 4-49 のすべての三角形はこのタイプであり、$T_0 = \frac{\sqrt{3}}{4}ab$、$T_1 = \frac{\sqrt{3}}{4}a^2$、$T_2 = \frac{\sqrt{3}}{4}b^2$、$T_3 = \frac{\sqrt{3}}{4}c^2$ となる。一方で、余弦定理から $ab + c^2 = a^2 + b^2$ を得ていた。

これらを合わせて計算すると、$\frac{\sqrt{3}}{4}ab + \frac{\sqrt{3}}{4}c^2 = \frac{\sqrt{3}}{4}a^2 + \frac{\sqrt{3}}{4}b^2$、つまり、$T_0 + T_3 = T_1 + T_2$ となる。先に見た関係性の通りだ。

元の三角形の60°の角度が120°に変わった場合には、$T_3 = T_0 + T_1 + T_2$ が導かれることや、元の三角形の角度が30°に変わったら、$3T_0 + T_3 = T_1 + T_2$ という関係性が導かれることを示

してみるのも良いだろう。この角が $150°$ に広がると、今度は $T_3 = 3T_0 + T_1 + T_2$ となる。

　これはピタゴラスの定理を元にした、ほぼ際限なく続く数々の拡張の1つにすぎない。しかし、初めて聞くという人がほとんどなのではなかろうか。

figure 4-51　60°の角を持つ三角形

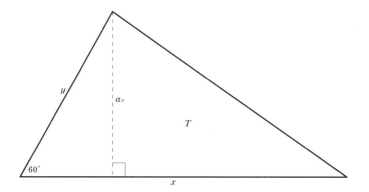

ピタゴラスの定理の先にあるもの——パート3

lecture **57**

　このセクションでは2次元平面から3次元へと移っていくことになるが、これからたどるステップを理解するのに特殊なメガネは必要ないだろう。さらには、その先にあるもっと高次元の世界の様子をうかがわせさえする。それも、何もかもピタゴラスの定理の力を借りてだ。とはいえ、あまり先に進んでしまわないうちに、一歩下がって、ピタゴラスの定理が三角形について教えてくれることを思い出しておこう。

　figure 4-52 に見られるように、長さ a、b の辺からなる長方形を長さ d の対角線が2つの合同な直角三角形にわけている。するとピタゴラスの定理よりこれらの線分について、$a^2 + b^2 = d^2$ が成り立つ。

　では、次元を上げてみよう。3次元において2次元の長方形に類する図形は直方体（直平行六面体）だ。2次元での長方形の場合と同じように、直方体の稜（辺）は平行か直角をなすかのどちらかしかない（ただし、たとえ平行でないとしても点を共有するとは限らない）。

figure **4-53** では辺の長さが a、b、c で、対角線の長さが d である直方体を示している。

長方形に長さの等しい2本の対角線があるのとまったく同じように、直方体にはそのような対角線が4本あり、すべて長さは等しい。

そして、対角線の長さ d を辺の長さ a、b、c で表すことができる。

figure **4-53** に示す通り、底面には、斜辺以外の辺の長さが a、b で斜辺の長さが x である（濃いグレーで示した）直角三角形がある。この x は底面である長方形の対角線だ。もちろん、$a^2 + b^2 = x^2$ が成り立つ。

また底面に対して直角をなす平面に、斜辺以外の辺の長さが x、c で、斜辺の長さが d である（薄いグレーで示した）直角三角形

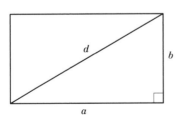

figure **4-52**
直角三角形2つからなる長方形

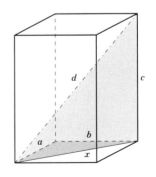

figure **4-53**
直方体におけるピタゴラスの定理

もある。したがって、$d^2 = x^2 + c^2 = a^2 + b^2 + c^2$ となる。

figure **4-54** 直方体におけるピタゴラスの定理の幾何学的解釈

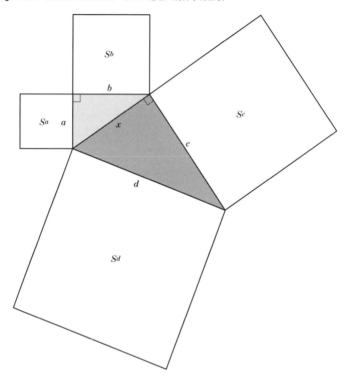

2次元の式 $a^2 + b^2 = d^2$ に対し、「次に次元の高い」3次元の場合にも非常に似た式、つまり $a^2 + b^2 + c^2 = d^2$ があることがわかる。2次元の場合と同じように、その幾何学的解釈が期待できる。

figure **4-54** には、上記の計算で使った2つの三角形が描かれている。それぞれの辺の長さは a、b、x と x、c、d で、回転させ

見慣れた幾何学の一歩先へ | *4*

て同じ平面上に収めてある。

　結果としてできた（影つきの）三角形の各辺上に正方形を置くと、その面積 S_a、S_b、S_c、S_d はそれぞれ a^2、b^2、c^2、d^2 に等しい。こうして、パート1の方程式 $S_a + S_b = S_c$ をまたも思わせる新たな式 $S_a + S_b + S_c = S_d$ が得られる。

　体積に関しても、探してみれば上記に相当する解釈が見つかる。つまるところ3次元の構造を考えることになるから、そのようなものがあるというのは妥当なことだ。

　もしも **figure 4-54** を中身の詰まった構造、つまり高さ d の角柱の底面だと考えるなら、底面の面積が S_a、S_b、S_c である直方体の体積の和は底面が S_d の立方体の体積に等しいことがわかる。これは $S_a + S_b + S_c = S_d$ に d を掛けることによって計算して導ける。

$$S_a + S_b + S_c = S_d$$
$$\Leftrightarrow a^2 + b^2 + c^2 = d^2$$
$$\Leftrightarrow a^2 d + b^2 d + c^2 d = d^3$$

　2次元から3次元へのこのステップは、もっと先まで進められる。2次元で互いに直角をなす2つの方向に辺を持つ形があり、3次元で互いに直角をなす3つの方向に辺を持つ形があるなら、互いに直角をなす4つの方向に辺を持つ「4次元」の形を思い描きたくなるものだ。

　もちろん、現実の世界は3次元だ。しかし、数学的な抽象化を進めるにあたって物理的現実に妨げられる必要はない。そのような対象が存在し得る「4次元空間」を想像するためには、そこにもピタゴラスの定理の続きが必要となるに違いない。

もしも互いに直角をなし、長さがa、b、c、eである辺と、長さdの「対角線」を持つ4次元の対象があるなら、次にあげる$a^2+b^2+c^2+e^2=d^2$が成り立つ必要がある。

　当然ながら4次元空間にはそれ以上のものがある。4次元空間の概念を適切に導入したいと考えるなら、数学的に精密であるためにここまでに示してきたよりもはるかに多くのものが必要だ。

　それでも、もっと高次元での幾何学は、おなじみの2次元や3次元のユークリッド幾何学に類似していて、似たような方法で定義できるというのは確かだ。

　こうした高次元の概念は4次元の時空の概念とまったく同じというわけではないが、一般相対性に由来するその考えに少なくとも、多少はなじみのある人は多い。

　そのような4次元空間、あるいはもっと高次元の類似する空間の性質について考えるということは極めて魅力的（かつ意外なほど有益！）なアイディアだ！

見慣れた幾何学の一歩先へ | 4

lecture
58 | ピタゴラスの
定理を
3次元に拡張する

　ピタゴラスの定理に関する結びのセクションでは、3次元の見地から、この定理を別の方法で捉えてみよう。

　直方体の角を切り離すことを想像してほしい。角からとれる断片は、直角三角形である面を3つ持つ四面体だ。**figure 4-55** に、そのような四面体を示した。

　点 P が元の直方形の頂点だ。この幾何学的立体に関してピタゴラスの定理のすばらしい拡張がある。

　それは、3つの直角三角形の面の面積の2乗の和は、四面体の残りの面である三角形の面積の2乗に等しいというものだ。**figure 4-55** に図示されている四面体を使って、次のように言える。
（面積 X）^{2}＋（面積 Y）^{2}＋（面積 Z）^{2}＝（面積 $\triangle ABC$）^{2}。

　この、ピタゴラスの定理によく似ている関係性は、ド・グワの定理として知られている。フランスの数学者ジャン・ポール・ド・グワ・ド・マルヴ（1712年 – 1785年）にちなんだ名前だ。とはいえ、ドイツの数学者ヨハン・ファウルハーベル（1580年 – 1635年）やフランスの有名な数学者ルネ・デカルト（1596年 – 1650年）もこれを知っていたようである。

269

figure 4-55　直角三角形である面を3つ持つ四面体

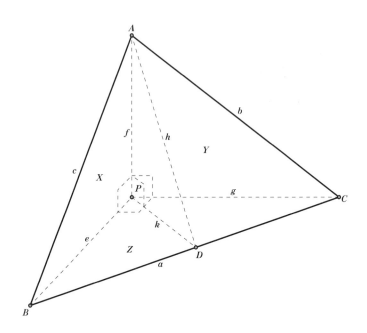

このすばらしい関係性が正しいことを確かめるために、四面体の3つの直角三角形の面の面積から考え始めよう。

面積 $X=\dfrac{ef}{2}$、面積 $Y=\dfrac{fg}{2}$、面積 $Z=\dfrac{ge}{2}$

それから AP を通って三角形 BPC を切る平面を、PD が BC と直角をなすようにとる。三角形 ABC の面積は $\dfrac{ah}{2}$ だ。またピタゴラスの定理から $h^2=f^2+k^2$ だ。さらに、三角形 BPC の面積は $\dfrac{ak}{2}$ に等しい。

するとこれまでのことから、以下に示すステップをたどることができる。(面積 ΔABC)$=\left(\dfrac{ah}{2}\right)^2=\dfrac{a^2h^2}{4}$ から、次のようになる。

$$4\,(\triangle ABC\text{の面積})^2 = a^2 h^2$$
$$= a^2(k^2 + f^2)$$
$$= a^2 k^2 + a^2 f^2$$
$$= 4(\triangle BPC\text{の面積})^2 + a^2 f^2$$
$$= 4(\triangle BPC\text{の面積})^2 + (e^2 + g^2)f^2$$
$$= 4(\triangle BPC\text{の面積})^2 + e^2 f^2 + g^2 f^2$$
$$= 4(\triangle BPC\text{の面積})^2 + 4(\triangle BPA\text{の面積})^2$$
$$+ 4(\triangle APC\text{の面積})^2$$

こうして、ピタゴラスの定理は3次元へとても見事に拡張できることが確かめられた。またも、ピタゴラスの定理は2次元でも3次元以上でも、幾何学分野ではカギを握る構成要素であることがわかる。

この見事な定理をもっと追究したいと思う人には、以下の書籍をお薦めする。

The Pythagorean Theorem: The Story of Its Power and Beauty, by A. S. Posamentier (Amherst, NY: Prometheus Books, 2010)（邦訳なし。仮題『ピタゴラスの定理——その力と美しさの物語』）

形が変わっても変わらないものとは?

lecture **59**

　幾何学というと、直線や弧の長さ、相似や合同、面積や体積などに適用できる考え方だと思われていて、さまざまな立体形状、特に多面体の辺と面と頂点の関係性などにはなかなか目を向けられることがない。

　高名なスイスの数学者レオンハルト・オイラー（1707年 – 1783年）は、多面体（基本的な幾何学的立体）の頂点や面や辺の数に成り立つすばらしい関係性を見いだしている。

　この話を掘り下げる前に、いくつかの立体を取りあげて、頂点の数（V）や面の数（F）や辺の数（E）を数え、わかったことを表にまとめてみてほしい。何かパターンが見えてこないだろうか?

　そう、これらの図形のすべてについて、$V+F=E+2$という関係性（オイラーの多面体定理）が成り立つことがわかるはずだ。

　例として、立方体を取りあげよう。立方体には8つの頂点、6つの面、12本の辺がある。これはオイラーの多面体定理を満たす（$8+6=12+2$）。

　figure 4-56 に示すように立方体の角に1枚の平面を通すと、その平面が多面体（この場合は立方体）の1つの頂点と残りの部分を切り離し、四面体を作る。

figure 4-56　立方体の頂点を取り除く

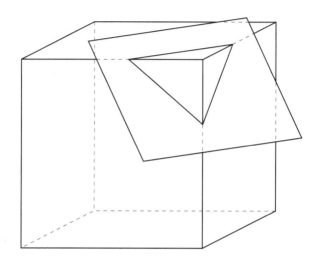

　一方で、頂点の1つを取り除く過程で、多面体に1つの面と3本の辺と3つの頂点が新たに加わる。Vが2（$-1+3=2$）増え、Fは1増え、Eは3増えるので、$V-E+F$は変わらない。つまり、定理は相変わらず成り立ち
$$V+F=E+2=(8+2)+(6+1)=(12+3)+2$$
となる。

　任意の多面角に対して同様の結果が得られる。というのも、$V-E+F$は変わらないからだ。

　オイラーの多面体定理は四面体、つまり「切り取られた」角錐にも当てはまる。$4+4=6+2$よりここでも$V+F=E+2$が成立している。ここまでの話から、この定理は、平面によって多面体

から1つの頂点を切り落として四面体を取り除くことを有限回繰り返して得られる任意の多面体に当てはまると結論できる。

　せっかくなので、これがすべての単純な多面体に当てはまっていることを示したい。証明するには、式 $V - E + F$ に対し、任意の多面体から得られる値が四面体から得られる値と一致することを示す必要がある。それをするには、位相幾何学（トポロジー）と呼ばれる、数学のなかでも比較的新しい分野に触れなくてはならない。

　位相幾何学は、より一般化された幾何学だ。オイラーの多面体定理は位相幾何学を背景に立証できる。2つの図形のうち片方の形を変形（縮める、延ばす、曲げる）したときに、もう一方の図形と一致する場合、それらの図形は位相幾何学的に等しいという。ただし切ったり破いたりしてはいけない。

　ここに1つの物体の形を変えてもう1つの物体にする方法の例を示そう。この方法を使うと、たとえば、ティーカップとドーナッツは位相幾何学的に等しいことがわかる（ドーナッツの穴がティーカップの持ち手の内側になる。そして、ドーナッツの「生地」からティーカップの残りの部分ができる）。

　位相幾何学は「ゴム膜の幾何学」と呼ばれてきた。多面体から1つの面が取り除かれれば、残りの図形は位相幾何学的には平面領域に等しい。図形の形を変えて平面上に平らに延ばすことができるからだ。

　結果としてできる図形は形や大きさが違うものの境界は保たれている。縁は多角形領域の辺になる。平面図形の辺や頂点の

見慣れた幾何学の一歩先へ | 4

数は、多面体の辺や頂点の数と同じだ。多面体の各面は、取り除かれたもの以外は、平面の多角形領域になる。

　三角形以外の多角形はすべて、対角線を引くことによって、三角形、つまり三角の領域に切りわけられる。対角線を1本引くたびに、辺の数は1ずつ増えるが面の数も1ずつ増える。ゆえに、$V-E+F$の値は変わらない。

　領域の一番外側の辺上の三角形には、たとえば figure 4-57 の三角形 ABC のように、領域の境界上に辺が1本あるか、または三角形 DEF のように2本ある。

　境界上の1本の辺 (たとえばAC) を取り除くことで三角形 (この

figure 4-57　位相幾何学により多面体定理を考える

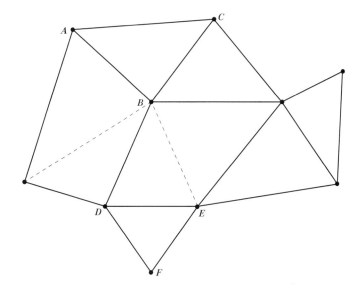

例では三角形 ABC）を取り除くことはできる。こうすると面は1つ、辺は1本減り、やはり $V-E+F$ は変わらない。

三角形 DEF のように、もう1種類の境界三角形を取り除けば、辺の数は2減り、面の数は1減り、頂点の数が1減る。またも $V-E+F$ は不変だ。この手順は三角形が1つになるまで続けられる。

1つの三角形には頂点が3つ、辺が3本、面が1つある。ゆえに $V-E+F=1$ だ。結果として多面体を変形して得られる平面図形においては、$V-E+F=1$ なのだ。1つの面が取り除かれているので、結論として、多面体に対し、$V-E+F=2$ となる。

この手順は任意の単純な多面体に当てはめられる。面を取り除いた後、多面体を変形して平面にするのに代わる方法は「面を縮めて点にする」となる。

面が点に置き換えられれば、その面の n 本の辺と n 個の頂点がなくなり、さらに1つの面がなくなり1つの頂点（面が置き換わる点）が加わる。それでも $V-E+F$ は変わらない。

この手順を続けると、最後に4面だけが残る。すると任意の多面体の $V-E+F$ の値は等しく、四面体の場合も等しい。四面体は4つの面、4つの頂点、6本の辺を持つ（$4-6+4=2$）。

見慣れた幾何学の一歩先へ │ *4*

lecture
60 │ 三日月型に等しい直線図形とは?

　一般的に、円の面積は、直線で囲まれた図形の面積と等しくはならない。つまり、長方形や平行四辺形や、ついでにいえばそのほか直線から構成される任意の図形（「直線図形」という）に面積が等しい円を作図できるということは、通常あり得ない。

　ところが、ピタゴラスの定理の手を借りれば、円弧からなる図形で、面積がある三角形の面積に等しいものを作図できる。

　円の面積の公式にπが含まれているため、通常は円の面積を円でないものの面積に等しくするのは難しい。もちろん、円でないものの面積にはπが含まれないからだ。

　そしてこれは π、つまり有理数と比較するのがほぼ不可能であるという無理数の性質による。しかし、今ここで、その比較をやってみせよう。

　ちょっと変わった形の図形、弓形を考えてみよう。これは2つの円弧で作られる三日月形の図形だ（月はよくこの図形のような形に見える）。

　思い出してみよう。ピタゴラスの定理では、直角三角形の斜辺以外の辺上に置いた正方形の面積の和は斜辺に置いた正方形の面積に等しいと述べている。そして、先に見たように、その「正

277

方形」は直角三角形の辺上にある（適切に描かれた）任意の相似な図形に置き換えられる。つまり、直角三角形の斜辺以外の辺上の相似な図形の面積の和は、斜辺上のやはり相似な図形の面積に等しい。たとえば、*figure* **4-58** に示した2つの例がそうだ。

するとこれは、半円（言うまでもなく相似）という特別な場合について次のように言い換えて解釈できる。直角三角形の斜辺以外の辺上に置いた半円の面積の和は、斜辺上に置いた半円の面積に等しい。

こうして *figure* **4-59** に対し、半円の面積が以下のような関係にあると言える。

面積 P ＝ 面積 Q ＋ 面積 R

ここで、（ABを軸として）半円 P を軸の反対側の部分に重ねるように折り返す。*figure* **4-60** に示す通りだ。

ここで、2つの半円によってできる弓形に注目してみよう。

figure **4-61** で影なしの領域で示した弓形 L_1、L_2 に目を向ける。

figure **4-58** 辺上の相似な図形

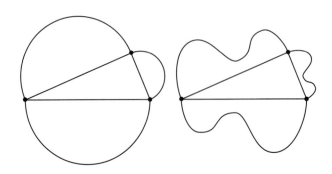

見慣れた幾何学の一歩先へ | 4

figure 4-59　辺上の半円

figure 4-60　半円PはABで折り返す

figure 4-61　2つの半円から弓形ができる

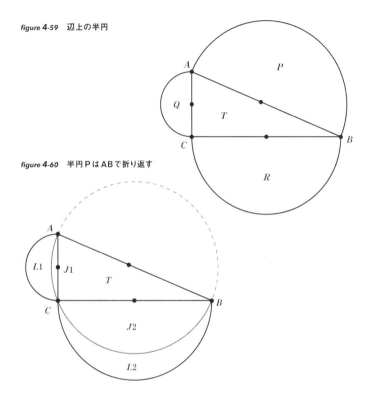
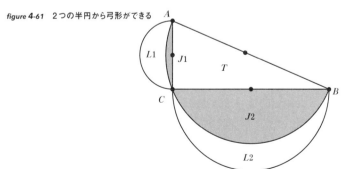

先に **figure 4-59** で面積 P ＝面積 Q ＋面積 R であることを確かめた。**figure 4-61** でその同じ関係性を書くと以下のようになる。

面積 J_1 ＋面積 J_2 ＋面積 T
＝（面積 L_1 ＋面積 J_1）＋（面積 L_2 ＋面積 J_2）

等式の両辺から面積 J_1 ＋面積 J_2 を引くと、面積 T ＝面積 L_1 ＋面積 L_2 という驚くべき結果が見えてくる。

つまり、直線図形ではない図形（弓形）に等しい直線図形（三角形）が得られたのだ。

これは極めて稀なことだ。円形の図形の測定値は必ず π を含むと思われる一方で、矩形の（あるいは直線でできた）図形は π を含むとは思えず、したがってそれらは同じ値にはならないものだとされているのだから！　これもまた、かなり基本的な数学に備わるもう1つの魅力的側面だ。

lecture 61 | 共点性の不思議

　幾何学の共点性というトピックは、三角形の垂線、中線、角の二等分線という3つの集合に対してそれぞれ交点が1つ決まることを示す流れのなかで登場する。正三角形では共点性に関連するこれら3つの交点は1点にまとまる。

　共点性について、イタリアの数学者ジョバンニ・チェバ（1647年–1734年）の功績とされる有名な定理がある。1678年にチェバは、三角形に関して1点で交わる3本の直線についてのとりわけ目覚ましい定理を証明した。

　その内容は次の通りだ。三角形ABCの頂点を通り、それぞれ点L、M、Nで対辺と交わる3本の直線が1点で交わるのは $\frac{AM}{MC} \cdot \frac{CL}{LB} \cdot \frac{BN}{NA} = 1$ である場合、かつその場合に限る。

figure 4-62　チェバの定理

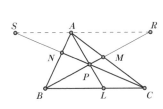 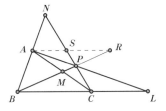

チェバの定理を簡潔に捉えるには、三角形の辺に沿って交互に線分の長さを掛けた積が等しいことに注目すると良い。つまり、*figure 4-62* の三角形ABCであればそれは、$AM \cdot CL \cdot BN = MC \cdot LB \cdot NA$と表せるだろう。

共点性を持つ点としてほかに、とても簡潔に表せる上、チェバの定理を利用して極めてたやすく証明できるものがある。

それは三角形のジュルゴンヌ点と呼ばれることが多い。

標準的な幾何学の課程では、内接円の中心は三角形の角の二等分線の共点性を持つ交点として決まると教えられる。一方、内接円はその三角形に関し、共点性を持つまた別の点を決めるためにも役に立つ。*figure 4-63* で、三角形の内接円の接点と対角の頂点を結ぶ直線から共点性を持つ点が1つ決まることがわかる。これがジュルゴンヌ点だ。

その発見者であるフランスの数学者ジョセフ・ディアス・ジュルゴンヌ（1771年 – 1859年）に由来してその名がついている。

figure 4-63 ジュルゴンヌ点

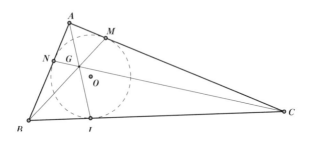

同じように、次は傍接円、つまり与えられた三角形の3辺に接し、かつ三角形の外側にある円を考え、そして接点とその三角形の対角の頂点とを結ぶとしよう →figure 4-64 。このとき直線 AD、BE、CF が点 X で交わることがわかる。

figure 4-64　傍接点に見られる共点性

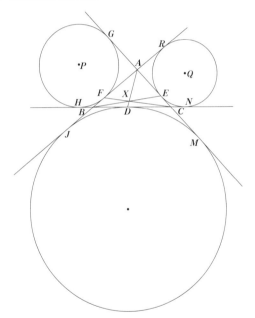

共点性というトピックは、三角形から円へと拡張できる。たとえば、1838年にフランスの数学者オーギュスト・ミケル（1816年 – 1851年）が考案した定理を考えよう。ミケルは、三角形の頂点と各辺上の共通点を通る円は1点で交わることを見いだした。

figure 4-65 では、P、Q、R を中心とする円は、それぞれ三角形の辺上の共通点と三角形の頂点を通っており、その結果として共通点 M（ミケル点と呼ばれることが多い）で交わっていることがわかる。

ここで、思わずあっと言わせるような例をもう1つ紹介しよう。

中心が C_1、C_2、C_3、半径が r の大きさの等しい3つの円を点 P で交わるように描くとする *figure 4-66*。

このとき成り立つすばらしい性質は、3つの交点（点 A、B、D）から、C を中心とし、半径が元の3つの円の半径と等しい円が1つ決まるというものだ。

円 C がほかの3つの円と同じ大きさであることが正しいのは簡単に示せる。*figure 4-67* に示すようにまずは半径をすべて書き込む。

3つのひし形、つまり PC_2DC_3、PC_3BC_1、PC_1AC_2 ができることは簡単にわかる。それからもう1つ、ひし形 CBC_1A を描く。

PC_2DC_3、PC_3BC_1 がひし形なので、C_2D は PC_3、BC_1 に等しく平行であることがわかる。一方、CA は BC_1 に等しく平行だ。したがって、CA は C_2D に等しくて平行だ。

するとここから四角形 $ACDC_2$ もひし形であることがわかる。すると $CD=r$ が言える。したがって、点 C から点 A、B、D への3本の線分は等しく、したがって C は点 A、B、D を含む円の中心だ。

共点性というトピックにほんの少し触れただけだが、直線図形と円に関わる共点性のほかの形を調べてみようという気になってもらえたら嬉しい。

見慣れた幾何学の一歩先へ | 4

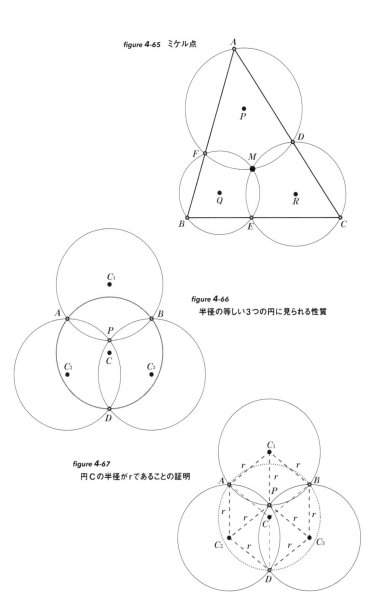

figure 4-65 ミケル点

figure 4-66
半径の等しい3つの円に見られる性質

figure 4-67
円Cの半径がrであることの証明

lecture 62

相似と黄金比の関係

相似という数学的概念にはおそらくなじみがあるだろう。これは、本章でもすでに（ピタゴラスの定理に絡めて）話題にした。それでもここで、おさらいをしておこう。

複数の図形が相似だとみなされるのは、対応する線分の長さの比がすべて同じである場合だ。1組の相似な長方形の例を *figure 4-68* に示す。4対2は6対3に等しい、つまり $\frac{4}{2} = \frac{6}{3}$ であるので、辺の長さの比は同じであり、2つの長方形は相似とみなされる。右側の長方形におけるすべての線分は左側の長方形において対応する線分の1.5倍の長さだ。この関係性はこれらの長方形の対角線に対しても成り立つ。

みなさんは相似な三角形について、そしてもしかするとさらにほかの相似な図形についても習ったかもしれない。ところが、そ

figure 4-68 **相似な長方形**

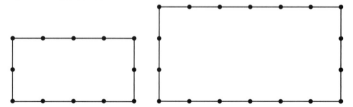

見慣れた幾何学の一歩先へ | 4

れから少しだけ趣が異なっていて、学校では教わらなかったという人もいるかもしれないけれど、数千年にわたり人々を魅了してきた事柄がある。

figure 4-69 に示した長方形を考えよう。

大きな長方形の辺の長さは 1 と x だ。垂直な直線を引いてこの長方形を正方形（辺の長さが 1 で単位正方形と呼ばれることが多い）と、辺の長さが 1 と $x-1$ である長方形とにわける。

それが *figure* 4-69 の影つきの長方形だ。大昔から人々を魅了してきた問題は次の通りだ。小さな（影つきの）長方形は、元の長方形と相似になり得るか？

答えはイエスだ。ただしそれは、x がある特定の値の場合にのみ可能だ。そしてその値は、一般的に黄金比、あるいは黄金分割と呼ばれ、通常ギリシャ文字の ϕ（ファイ）で表される。ファイを数値で表すと、近似的に $\phi \approx 1.618$ だ。*figure* 4-69 に示した小さい（けれど相似な）長方形における辺の比は ϕ なので、この長方形から正方形を切り出し、再びさらに小さくて相似な長方形を作ることができる。

figure 4-69
長方形の黄金分割

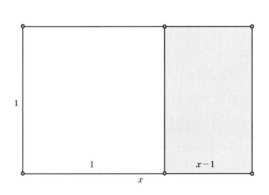

これはいくらでも続けられる。結果として得られる長方形はすべて互いに相似だ。これをはじめの4ステップ分だけ figure **4-70** に示す。

各ステップで、残っている長方形から正方形を切り出すと、その結果は図中のすべての長方形と相似だ。

figure **4-71** に示したように、これらの正方形に円弧の4分の1を内接させると、まったく思いもよらないことが起こる（無限に多くの円弧のなかからはじめの6つだけを示している）。

これら4分の1の円弧から構成される図形は、黄金螺旋として知られる対数螺旋の特別なケースの非常に精密な近似値となっている。

黄金比のすばらしい性質を1つ挙げると、正五角形にそれが自然に見られることだ。この事実は大昔に知られており、歴史的に見て、人間がこの比の数に長いこと魅了されてきた理由の1つであることは間違いない。

これを確かめるため、figure **4-72** に示した正五角形を考えてみよう。

$ABCDE$ が正五角形なら、すべての辺の長さは同じだ。そこでその長さを1とする。また、五角形のすべての対角線も長さが等しいので、その長さを d とする。

この図中のいくつかの角度をよく見てみよう。この五角形は2本の対角線 AC と AD で3つの三角形（ABC、ACD、ADE）にわけられる。

五角形の5つの内角の和は、これら3つの三角形の内角の和に等しい。つまり $3 \cdot 180° = 540°$ だ。したがって五角形の内角は

見慣れた幾何学の一歩先へ | 4

figure **4-70**
4ステップ分の黄金分割

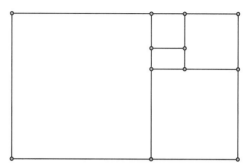

figure **4-71** 黄金螺旋

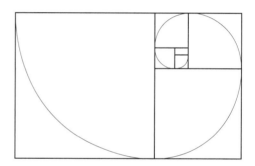

figure **4-72**
正五角形の中の黄金比

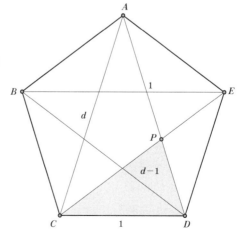

それぞれ $\frac{1}{5} \cdot 540° = 108°$ に等しい。

三角形 ABC は二等辺（$AB=BC$）なので $\angle BCA = \frac{1}{2}(180° - \angle ABC) = 36°$、したがって、$\angle ACD = 108° - 36° = 72°$ だ。

三角形 ACD も二等辺（$AC=AD$）であるので、A における頂角の大きさは $36°$、C と D での底角の大きさはそれぞれ $72°$ だ。

さて、P で対角線 AD と CE の交点を表すことにして、三角形 CDP を考える。すでにわかっているように、$\angle PDC = 72°$ だ。さらに、三角形 ABC と CDE は合同なので、$\angle PCD = 36°$ だ。三角形 ACD と CDP は2つの角が等しいことがわかり、2つの三角形は相似だ。したがって、$\angle DPC = 72°$ だ。

三角形 CDP は二等辺であり、$CP = CD = 1$ だ。

さらに $\angle ACP = 72° - 36° = 36°$ であり、すでに $\angle CAP = 36°$ であることはわかっているから三角形 ACP も二等辺三角形であり、したがって $PA = CP = 1$ だ。

さて、三角形 ACD と CDP の対応する辺の長さを考えてみよう。これらの三角形が相似であることから次が言える。

$\frac{AC}{CD} = \frac{CD}{DP}$、つまり $\frac{d}{1} = \frac{1}{d-1}$ だ。

figure 4-69 を見返してみよう。これがほかならぬ黄金比の定義だった。こうして、正五角形の対角線と辺の長さからも黄金比が得られる。

この関係性から、ϕ の値の計算がとても簡単になる。

$\frac{\phi}{1} = \frac{1}{\phi-1}$ が $\phi(\phi-1) = 0$、つまり $\phi^2 - \phi - 1 = 0$ と同等なので、この2次方程式を解けば良い。

そしてその正の解は

$\frac{1}{2} + \sqrt{\frac{1}{4}+1} \approx 1.618$ だ。

見慣れた幾何学の一歩先へ | 4

lecture 63 | 点と円の 関係性とは？

　平面幾何学において、点は考察対象となる最も基本的な対象だ。ある意味、最も退屈なものでもある。

　直線や三角形や円などのほかの幾何学的対象は、それらに帰するとみなせる（あるいはそれらを定義づけられる）特定の性質がある。直線は「真っ直ぐ」で、三角形は3つの角を持ち、円は「円い」など。

　それなのに、点は単なる点だ。個々の点自体は、そこに存在するか否かを除くとまったく性質を持たない。幾何学において点が意味を持つには必ずほかの点が必要だ。

　たとえば、直線は無数の点が集まったものだった（三角形も円も同じことが言える）。点の性質は、ほかの点や点の集合との関連（たとえば1点からほかの点への距離）に絡めてのみ語ることができる。

　あまりよく知られていない性質の1つに円に関する「点の方べき」がある。この場合は円が「ほかの点」の役割を果たす。これは本質的に、与えられた円に関して平面上の任意の点に割り当てられる実数だ。

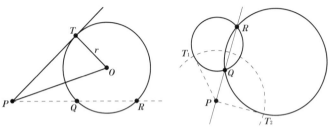

figure 4-73 点の方べき　　　*figure 4-74* 点の方べきの利点

　点の方べきとは、スイスの数学者ヤコブ・シュタイナー（1796年‒1863年）が最初に定義した概念だ。シュタイナーはドイツ語で著作を執筆し、これを「*Potenz des Puncts*」と呼んだ。その後これは（円に関する）「*power of a point*（点の方べき）」と訳されている。

　figure 4-73 に示すように O を中心として半径が r の円が与えられると、この円に関する点 P の方べき p は、点 P と O の距離の2乗から円の半径の2乗を引いたもの、すなわち $p = PO^2 - r^2$ として定義される。この概念は円にも点にも関係するので、点 P の「*circle-power*（円のべき）」と呼ばれることもある。

　figure 4-73 を見ると、P が円の外側にあればいつでもその方べきが正であることがわかる。そして、P が円の内側にあればいつでも方べきは負になる。

　点 P が円上にあるのは $p = 0$ であるとき、かつそのときに限る。

　だから p の符号から、点と円の相対的な位置がわかる。一方で p の絶対値は点と円の距離を表す。

　また、p の直接的な幾何学的解釈もある。すなわち、点 P が

見慣れた幾何学の一歩先へ ｜ *4*

円の外側にあれば、figure **4-73** に見るように、ピタゴラスの定理を使って$p = PO^2 - r^2 = PT^2$だ（ここでTはPから円へ引いた接線の接点）。

何と、Pを通り点QとRで円と交差する任意の直線に対し、積$PQ \cdot PR$は同じで、pに等しくなる。この証明は「交差する直線が円に交わると」のセクションですでに示してある。だから、Pを通り点Q、Rで円と交差する任意の直線に対し、$p = PO^2 - r^2 = PT^2 = PQ \cdot PR$だ。

ところで、私たちにとって点の方べきは何の役に立つのだろうか？それを考えてみよう。

任意の直径で、点Q、Rで交差する2つの円を考えてみよう。まず、figure **4-74** に示すように、これらの交点を通る直線を引こう。すると直線QR上の各点は両方の円に関して同じ方べきを持つ。

この関係性を確認しておこう。直線上に任意の点Pを取る。すると、積$PQ \cdot PR$は各円に関してその方べきになる。また、$PQ \cdot PR = PT^2$より、これはPから2円のいずれに引いた接線もすべて長さが等しいということでもある。

直線QRを2つの円の根軸（あるいは「方べきの直線」）という。これは、両方の円に引いた接線の長さが同じになる点の軌跡（あるいは両方の円に関して同じ方べきを持つ点の軌跡）だ。根軸は任意の2円に対して存在する。円が交差するようなら、その交点を通る直線が根軸となる。円が接するなら、2つの円の共通接線がそうだ。

根軸上の各点に対し、その点を中心とし、与えられた2つの円と直角に交差する円が一意に存在する figure **4-74** 。交点は2つの接点T_1、T_2である。逆も成り立つ。つまり、与えられた円の両方と直角に交差する円の中心は根軸上になくてはならない。

293

この関係性の応用が、アポロニウスの円に見られる。その円を発見したのはギリシャの幾何学者ペルガのアポロニウス（紀元前262年頃–紀元前190年頃）だ。

アポロニウスの円は、_figure 4-75_ に示した通り、2つの円の族だ。1つめの族のすべての円は、2つめの族のすべての円に直角に交差し、その逆も言える。

1つめの族の円の各ペアは、いわゆる焦点 A、B で交差する。すると、_figure 4-76_ で示すように、すべてのペアの根軸は同じ AB であり、中心は線分 AB の垂直二等分線上にあることになる（上側の4つの円の中心は小点で示してある）。

2つめの族（ _figure 4-76_ では破線で示してある）の円の中心は直線

figure 4-75　アポロニウスの円

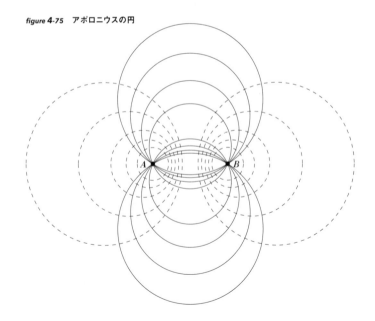

AB上にある。そのような円を描くために、A、Bを通る直線上、かつ線分ABの外側に任意の点Pを取る。この点Pから実線で示した円の1つに接線を引き、接点をTで表す。最後に、Pを中心とする半径PTの円を描く。この円は実線で示した円のすべてと直角に交差する。

なぜならばPがそれらすべての円の根軸上にあるからだ。またしたがって、Pから実線で示した円のどれかに引いた接線は必ず長さが同じだ。Pをどちらかの焦点に近づければ近づけるほど、それに対応して破線で表した円は小さくなる。

アポロニウスの円は、平面内の点の位置を決める方法の1つとして使える。通常、平面内の点はx座標とy座標、つまり直

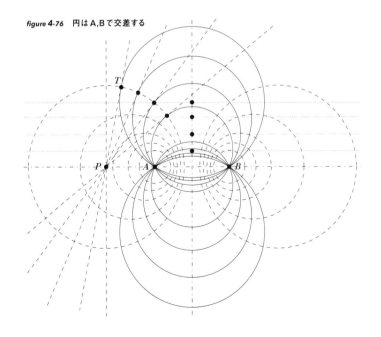

figure 4-76　円はA,Bで交差する

交する2本の座標軸に関する位置によって特定できる。

一方、2本の直交する軸を使って平面の座標を定義する代わりに、ほかの座標系を使うこともできる。たとえば、地球の表面上の1点は経度と緯度で特定できる。

これらは地球を周回する円を描く線によって定義できる座標だ。地表の各点に対してその点を通って、経度を決める円がただ1つ、緯度を決める円がただ1つある。同様にアポロニウスの円を使って平面内の点に座標を割り当てることができる。

アポロニウスの円の族の2つの焦点を与えると、平面上の各点に対して、その点を通る2つのアポロニウスの円が一意に決まる（各族から1つずつ）。これらの2円をたとえば半径によって特定すると、点の位置は一意に決まる。

アポロニウスの円によって定義づけられる座標は2つの平行する導線の周りに生じる電場と磁場を説明するのに非常に便利だ。AとBが2本の導線を表すとする（電流はこの紙に垂直に入る方向、およびその反対方向に流れる）。

すると、電場の線は基本的に **figure 4-76** の実線で表した円の族のように見える。その一方、磁場は破線で表した円の族に似ている。

現実世界に意味を持つこの数学の宝物は、残念ながら平均的な高等学校の数学の授業の範囲から外れてしまうことが多い。

見慣れた幾何学の一歩先へ | *4*

lecture 64 | コンパスだけで作図できる?

　幾何学の作図では、目盛りのない定規とコンパスだけが使える。これで描けるのは円と直線だけだ。

　だがしかし、ここから5つの基本的な作図が可能で、ほかの作図はすべてそれら5つの作図の組み合わせとしてできるのである。基本的作図とは以下の通りだ。

　直線を作図する
　円を作図する
　2本の直線の交点を作図する
　2つの円の交点を作図する
　直線と円の交点を作図する

　1797年、イタリアの数学者で同国のパヴィア大学で数学教授を務めていたロレンツォ・マスケローニ(1750年 – 1800年)が『Geometria del Compasso (コンパスの幾何学)』という書籍を出版した。この本のなかで、マスケローニは何と、それまでは目盛りのない定規とコンパスをどちらも必要としていた作図はすべて、じつはコンパスだけを使えばできるということを証明した。こうし

295

たタイプの作図は現在、マスケローニの作図と呼ばれている。

1928年、妙なことに、数学者はこうした作図をマスケローニの作図と呼ぶのにやや不都合を感じた。というのも、その年にデンマークの数学者ヨハネス・イェルムスレウが、マスケローニの論証と同じような内容が書かれた本を見つけたからだ。

その本は、イェルムスレウと同郷でどちらかと言えば無名な数学者ゲオルク・モール（1640年 – 1697年）が1672年に執筆したものだ。それでもマスケローニは独自にその結論に達したと考えられているため、このコンパスだけの作図を指すときにはこんにちでも変わらずマスケローニの名を使っている。

コンパスを使うだけでどうやって直線が引けるのかと思っているだろう。直線は多数の点からなることはわかっているのだから、コンパスだけを使って、既知の直線上の点を必要に応じていくらでも特定できると言える。

つまり、連続した直線は見えなくとも、そこに点の集合があり、そのすべての点が同一直線上に乗っていて、取り決めた通りの関係性を相互に保っているのである。

このトピックをもっと深く追究してみたいと思う人は、以下を参照してほしい。

The Circle: A Mathematical Exploration Beyond the Line, by A. S. Posamentier and R. Geretschlager (Amherst, NY: Prometheus Books, 2016)（邦訳なし。仮題『円——直線を超えて数学を追究する』）

見慣れた幾何学の一歩先へ | 4

lecture 65 | 円柱の中の球について考えてみると

　球の体積や表面積と円柱のそれとの関係について考えたことはあるだろうか？ *figure* **4-77** に示したような、球を円柱の側面と上面と下面に接するように完全に納めた場合にそれらの間に成り立つ関係性を見いだしたのは、かの有名なギリシャの数学者アルキメデスだとされている。

figure **4-77**　円柱に内接する球

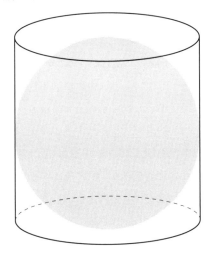

まずは、球の表面積を円柱の側面積（つまり円柱の上下の面は考えない）と比べてみよう。半径が r の球の表面積は $4\pi r^2$ だ。

次に、球が接する円柱の側面積を求めなくてはならない。円柱の側面積は底面の円周 $2\pi r$ と高さ $2r$ の積であり、不思議なことに、これも $4\pi r^2$ に等しい。

では、球の体積とそれを囲む円柱の体積を同じように比較してみよう。半径 r の球の体積は $\frac{4}{3}\pi r^3$ だ。

figure 4-77 を見ると、球の体積が円柱の体積よりも小さいことは確実だ。球の体積は、円柱の体積の3分の2になるのである。これを確かめてみよう。

円柱の体積は底面積と高さの積で求められる。この場合は、$(\pi r^2)(2r)=2\pi r^3$ だ。$\frac{2}{3}(2\pi r^3)=\frac{4}{3}\pi r^3$ となることを考えれば、球の体積 $\frac{4}{3}\pi r^3$ は、$2\pi r^3$ の3分の2だという結論を導ける。

高さが底面の半径の長さの半分、つまり $h=\frac{1}{2}r$ である円柱の側面積と底面積（πr^2）の比較をしてみてもとてもおもしろい。じつのところ、側面積と底面積は等しい。

これを示すのはとても簡単だ。というのも半径 r の円形の底面積は πr^2 であり、一方で、円柱の側面積は高さ $\frac{r}{2}$ と底面の円周 $2\pi r$ の積であることから、これも πr^2（つまり $\frac{r}{2}(2\pi r)=\pi r^2$）となる。

ユークリッドの観点からは本来の作図とはみなされないものの、円筒の側面を高さ方向に切り取って長方形にするならば、長方形の面積が元の円柱の底面である円の面積に等しいのだ。

ここにも、直線で囲まれた図形でありながら、その面積が円の面積に等しいものがある。

見慣れた幾何学の一歩先へ | 4

lecture 66 | 凹んだ「正」多角形とは?

　正多角形というのは、幾何学の基本概念の1つだ。言うまでもなくこれは、古くからある特定のタイプの図形で、長さの等しい線分からなる閉じた形だ。

　「正」と呼ぶにふさわしくあるためには、ほかにもいくつかの制約がある。たとえば、隣り合う2本の線分がなす角はすべて等しくなくてはいけない。

　正多角形の典型的な例が、*figure* **4-78** に示す正三角形、正方形、正六角形だ。

figure **4-78**　典型的な正多角形

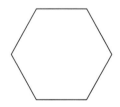

　ほかにも先の条件にほぼ当てはまりそうな形といえば、旗などに多く見られる形である正五角星、すなわち正五芒星形だ。これは *figure* **4-79** に示してある。

この形を見てみると、ここまでに述べた正多角形の要件はすべて満たしていることがわかるだろう。長さの等しい5本の線分からなり、星形の1つの頂点で出合う2本の辺のなす角はどれも大きさが等しい（36°）。

　ところが通常、正五芒星形のような図形は正多角形とはみなされない。正方形や正六角形の辺とは異なり、五芒星形の辺はその端点ではない点でも交わる。辺の長さが等しく角の大きさも等しい多角形が真に「正」と言えるために、それが凸であることも要件なのだ。

　凸であることの一般的な意味を手短に定義するのはあまり簡単ではない。しかし、多角形に関連する話としてなら、次のように考えるのがおそらく最も簡潔だ。

　与えられた多角形の辺を含む直線を考える。この直線は（無限）平面を2つに分割する。多角形が各辺に対し、その辺を含む直

figure 4-79 **正五芒星形**

figure 4-80 **多角形が凸であるかどうか**

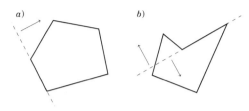

線によって作られる半平面の片方にすっかり含まれる場合に、その多角形は凸であるという。そのような多角形の例を *figure 4-80 a* に示す。

一方、直線のどちら側にもその多角形の一部分があるなら、つまり、半平面のどちらにも多角形の一部がある（*figure 4-80 b* に示す通り）なら、多角形は凸ではない。

figure 4-81 からわかるように、正五芒星形の事例が後者であるのは明らかだ。

figure 4-81 **正五芒星形は凸ではない**

正五芒星形をよく見ると、その頂点は正五角形の頂点であることがわかる *figure* **4-82** 。これがわかると、同様の性質を持つ星形多角形がほかにも見つかる。

figure **4-82** **正五芒星形の頂点は正五角形の頂点**

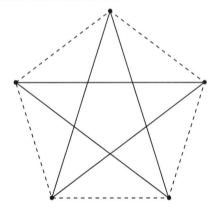

任意の正多角形を元に（ *figure* **3-83** で正七角形に対してやるように）、隣り合わない頂点を線分で規則的に結ぶと、星形正多角形が描ける。

figure **4-83** **星形正多角形**

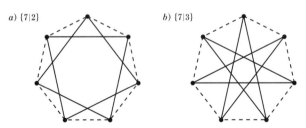

a) {7|2}　　　b) {7|3}

見慣れた幾何学の一歩先へ | *4*

figure 4-83 a では、各頂点を1つ飛ばした次の頂点と結んでいる。**figure 4-83 b** では、各頂点を2つ飛ばした次の頂点と結んでいる。

一般に、正n角形でk番目の頂点を結ぶことで得られる星形を表すために用いる表記法が $\{n\,|\,k\}$ だ。

figure 4-83 a の星形は $\{7\,|\,2\}$ だ。というのも正七角形の頂点を1つおきに（つまり1つ飛ばして2番目のものと）結んだからだ。

同様に、**figure 4-83 b** の星形は $\{7\,|\,3\}$ だ。なぜならば正七角形の頂点を2つ飛ばして3番目のものと結んだからだ。この表記法では、**figure 4-82** の五芒星形はもちろん $\{5\,|\,2\}$ となり、任意の正n角形は $\{n\,|\,1\}$ だ。

こうしてこの表記法を使って、このタイプのどんな星形が存在するのかに関する考え方を簡潔に書き表すことができる。

まず $\{n\,|\,1\}$ は正n角形を表すことに先ほど触れた。その一方で、$\{n\,|\,n-1\}$ は正n角形の任意の頂点を$n-1$番目の頂点と結んだ正の図形を示している。ところが、たとえばn角形で頂点$n-1$個分だけ左側にずれるというのは、頂点1つ分だけ右側にずれることにほかならない。

実際、$\{n\,|\,1\}$ と $\{n\,|\,n-1\}$ は同じものを指すことがわかる。同じ論理から、$\{n\,|\,k\}$ という表現と $\{n\,|\,n-k\}$ という表現は$1 \leqq k \leqq n-1$を満たすすべてのkの値に対して同じものを指している。

一般に、この表記法を使うときは常に$1 < k \leqq \dfrac{n}{2}$と仮定できる。なぜならばこれによって確実に任意の正の星形を指すことになるからだ。

次に、kの選び方によっては、五芒星形と同じような閉じたタ

305

イプの星形にはならないことに注目しよう。

たとえば、$\{6|3\}$ は *figure 4-84 a* に示す通り、アスタリスクのようなもの、つまり3本の線分にわかれた「星形」を示している。他方で $\{6|2\}$ は *figure 4-84 b* に示すように、2つの正三角形からなる星形だ。

figure 4-84 **閉じたタイプではない「星形」**

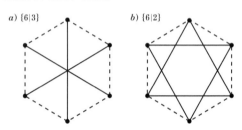

状況によっては、こうした「星形」の概念がまさに私たちの求めているものであるかもしれない。

けれども星形といえば、1本の折れ線で描ける閉じた図形、つまり、紙から鉛筆を離さずに描け、出発点に戻って終わるような、線分でできた図形だとつい思いたくなる。これは n と k が1より大きな公約数を持たない場合、つまり互いに素である場合の $\{n|k\}$ に対してのみ正しい。

この制限を使うと、与えられた n に対してそのような n 角星がいくつ存在するのかを調べる問題は、$\frac{n}{2}$ 以下で n と互いに素である整数 k がいくつ存在するのかを調べる問題となる。

「星形」に関して幾何学的に論じるなかでの「いくつあるか」という組み合わせの問題は、意外にも整数論的手段によって解

決可能なのだ。

そのような星形の例をさらに figure **4-85** に示す。

figure 4-85 n角星がいくつあるか

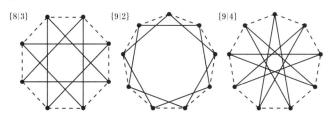

実際、$n=8$ の場合には閉じた（1本の折れ線で描ける図形としての）星形はこの $\{8|3\}$ しか存在せず、$n=9$ の場合には上記の $\{9|2\}$ と $\{9|4\}$ の2つしか存在しない。

$n=10$ の場合に考えられる1つの星形を、そして次に $n=11$ の場合に存在する4つの星形を腕試しに描いてみても良いだろう。

lecture 67 | 三次元の星形を描いてみる

前セクションで、正多角形の厳密な定義を少し緩めると星形多角形が見えてくることがわかった。次に、1つ次元を上げて一歩先に進み、この発想を立体幾何学という3次元の世界に拡げたらどうなるのかを考えてみよう。

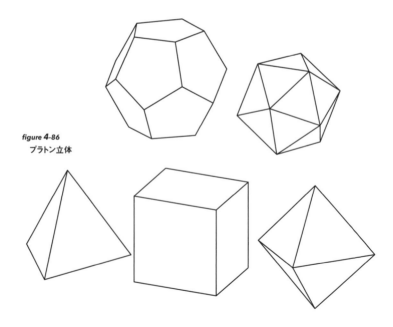

figure 4-86
プラトン立体

平面上の星形が正多角形の隣り合わない頂点を機械的に結んで得られたように（正五角形の頂点を1つおきに結んで正五芒星形の辺を描いたことを思い出そう）、そのような方法でプラトン立体の頂点を結ぶと同じくすばらしいものが生まれる。

　プラトン立体はすべての多面体のなかで最も均整がとれているとされる。*figure 4-86* で確かにそれらが見て取れる。下段の左から順に、四面体（tetrahedron）、六面体（立方体）（hexahedron）、八面体（octahedron）、十二面体（dodecahedron）、二十面体（icosahedron）だ。

　それぞれの名称は、その面の数を表すギリシャ語に由来している（4 [$tetra$]、6 [$hexa$]、8 [$octa$]、12 [$dodeca$]、20 [$eicosa$]）。

　これらの立体はそれぞれ、面がすべて合同な正多面体となっている。正多角形を定義づける性質と同様に、これら立体では2つの面がなす角の大きさがすべて等しい。

　そして、正多角形の場合と同じように、これらの立体は凸である（3次元空間では、これは *figure 4-87* で示すように、面を含む平面のすべてに対してその片側に立体全体があることを意味すると理解できる）。

　では、プラトン立体の頂点を元にして、それらの頂点で隣り合わないもの同士を結んで新しい立体の辺とし、新たに立体を作るとするとどうなるのかを考えてみよう。

　四面体や八面体でやってみても特に興味をそそるようなことは起きない。この手続きでは、四面体や八面体

figure **4-87**
立体が凸であるかどうか

figure 4-88 **星形八面体**

からは新しい立体が生まれないのだ。

ところが、六面体（立方体として考えることのほうが慣れているであろう6面のプラトンの立体）の頂点を結ぶと、かの有名な星形八面体（*stella octangula*）になる（*stella octangula* は「八角星」を意味するラテン語だ）。これは *figure 4-88* に示してある。

立方体の面上の各対角線は星形八面体の辺だが、それ以外にさらに付け加わった辺もある。この立体（ドイツの天文学者であり数学者でもあるヨハネス・ケプラー［1571年 – 1630年］の功績だとも言われている）は、*figure 4-89* からわかる通り、2つの正四面体を結合したものと考えられ、そこに新たな辺ができるのだ。2つの正四面体の結合という点で、星形八面体は本当の意味での「新しい」立体とは言えない。

それに対し、もっと複雑な十二面体や二十面体の頂点を同じような方法で結ぶと、まったく新しい星形の多面体ができる。そ

figure 4-89 **2つの正四面体から星形八面体が作られる**

2つの四面体が交差するところに付け加えられた直線も星形八面体の辺だ。この辺は元の立方体の頂点同士を結びつけているものではない。正確に言えば面の中点を結んでいる。この理由から、星形八面体は通常は星形「正」多面体の1つとは考えられない。

見慣れた幾何学の一歩先へ | 4

の辺はすべてプラトンの立体の頂点を結んでいる。これらの多面体は一般にケプラー－ポアンソの立体と呼ばれる。

名前の由来はケプラーと、フランスの数学者であり物理学者でもあるルイ・ポアンソ（1777年－1859年）だ。

ポアンソはこれらの多面体について数学の文献に初めて詳細に記した人物である。

ケプラーは、小星形十二面体 *figure 4-90* と大星形十二面体 *figure 4-91* について記述し、また、ポアンソはその2世紀後に大十二面体 *figure 4-92* と大二十面体 *figure 4-93* を発見してこの集合を完成させている。

大星形十二面体の頂点は、正十二面体の頂

figure 4-90
小星形十二面体

figure 4-91
大星形十二面体

figure 4-92
大十二面体

figure 4-93
大二十面体

figure 4-94
さまざまな小星形十二面体の作り方

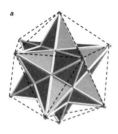

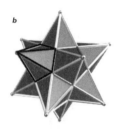

点でもあり、一方でそのほかの3つの立体の頂点はいずれも正二十面体の頂点でもある。

figure 4-94 では、小星形十二面体の作成を考える上での異なる3つの方法が示されている。

figure 4-94 a では、この星形と同じ頂点を持つ二十面体の辺が示してある。

figure 4-94 b では、（左側に）星形の「角（つの）」の1つである小さな五角錐が示してある。その五角錐は、辺が十二面体の辺の延長部分に一致するように正十二面体の（五角形の）面に底面を載せている。そしてこの星形は、このような五角錐12個で構成されていると考えられる。

最後に、*figure 4-94 c* には、五芒星形が示してある。この星形は、このような12個の五芒星形を面として持つと考えることもできる（実際、この星形が「十二面体」と呼ばれるのはこれら12個の面があるからだ）。もちろん結果として得られる星形は、面

が互いに交差するので凸ではない。

figure 4-94 c に見られるものと同じように、大星形十二面体も面として12個の五芒星形を持つが、組み合わせの方法が異なる。*figure 4-91* を注意深く見てみると、これらの五芒星形が見えてくる。大十二面体には12個の五角形が（交差する）面としてあり、大二十面体には20個の正三角形が（交差する）面としてある。これらは *figure 4-92* や *figure 4-93* をよく見てみてもわかる。

これら星形多面体のどれを見ても、その内部にはうっとりするような対称性が間違いなくたくさん見つかる。このトピックがこんなにも長い間、幾何学に心惹かれたこれほど多くの人たちにとって、ぜひ議論したいと思うものであったのもまったく不思議ではない。

考えてみてほしい。数学が得意な人はなぜ得意なのだろうか？ 得意な人も苦手な人も、数学の勉強方法は基本的に同じだ。授業を受け、教科書を読み、問題集で演習し、テストに臨む。何か特別なことをしているから得意になる、というわけではない。では、どこで差が生まれてくるのか？ それは、問題を解くときの感覚の違いからだ。

第5章

カリキュラムを
飛び出そう

81
80
79
78
77
76
75
74
73
72
71
70
69
68

5

本章では、一般的なカリキュラムには含まれていないけれど、さまざまなところに適用可能なトピックを紹介する。ここでは、知っていても邪魔にはならないどころかとても説得力のある問題解決テクニックが、数学のみならずこの広い世界に対する理解をどのようにして深めるのかをお見せしたい。

　まずは、数学で使っている記号についての歴史的事実にいくつか触れる。当たり前のように使っている記号だが、それを知ると、数学を理解することの意義がより一層深いものになるだろう。

　記号そのものに留まらず、やはり当然のように思われている概念がある。たとえば無限という概念だ。

　また、数学の実際的な応用のなかには、誰もが考えるであろうことに関わるものもある。だから、そういった事柄の紹介もしたい。

　もちろん、本書で何もかもを網羅できるわけではない。それでも、みなさんの視野が拡がり、将来の数学探究に向けた展望が開けることを期待している。

lecture 68 | 数学記号の由来

　数学記号が導入されるときに、残念ながら、それがどこで生まれたものなのかを教えられることはない。たとえば、平方根を表す記号（√）について考えてみよう。

　初等数学を勉強しているとあちこちで出てくるこの記号が、この奇妙な形へと至った経緯をご存じだろうか？

　この記号が最初に登場したのは、ドイツの数学者クリストッフ・ルドルフ（1499年 – 1545年）が著書『Coss（未知数）』で使ったときである。これは、1525年にシュトラスブルクで出版した算術の本だ。

　ルドルフは筆記体の r の文字からこの記号を思いついたとされ、r は「根」を意味する radix に由来したと考えられている。

　プラス（+）とマイナス（−）の符号が初めて登場したのは、ドイツの数学者ヨハネス・ヴィドマン（1460年 – 1498年）が執筆し、1489年にライプツィヒで出版された『*Behende und hüpsche Rechnung auff allen Kauffmanschafft*（あらゆる商業でのすばやい上手な計算）』だとされている。

　ただしこの本では、足し算や引き算のためではなく、商売上

の問題のなかで黒字や赤字を示すために使われていた。

　＋や－の記号を足し算や引き算を示すために最初に用いたのが誰なのかについては、少々論争がある。ジール・ファンデル・フッケが1514年にアントワープで出版した著書『Eensonderlinghe boeck in dye edel conste Arithmetica』のなかで使ったと言う人もいれば、ドイツの数学者ヘンリクス・グラマトイス（ハインリヒ・シュライベルとしても知られている）（1495年－1526年）が、1518年に出版した著書『Ayn new Kunstlich Buech（新技術書）』のなかで用いたと言う人もいる。

　これらの記号が英語の文献に初めて登場したのは1557年、ウェールズの数学者ロバート・レコード（1512年－1558年）が著書『The Whetstone of Witte（知恵の砥石）』で用いたときだ。

　この本のなかでレコードは「たびたび使われる符号がほかに2つある。1つ目は、こうして＋と書かれ、より多いことを示す。もう片方は、このように－と書かれ、より少ないことを示す」と述べている。

　初めて×を使って掛け算を表したのは、イギリスの数学者ウィリアム・オートレッド（1574年－1660年）だとされている。オートレッドがその記号を使ったのは、1628年頃に執筆し、1631年にロンドンで出版した著書『Clavis Mathematicae（数学へのカギ）』でだ。

　ドット（·）は、ドイツの数学者ゴットフリート・ヴィルヘルム・ライプニッツ（1646年－1716年）が掛け算を表すために好んで使ったとされている。1698年7月29日、ライプニッツはスイスの数学者ヨハン・ベルヌーイ（1667年－1748年）にあてた手紙のなか

で次のように綴っている。

「掛け算を表す記号として×は好きではない。なぜならば、xと混同しやすいから……私は、間にドットを挟んで2つの数量を単純に繋ぎ、*ZC・LM*で掛け算を表すことがたびたびある。ゆえに、比を示すときには、1点ではなく2点（コロン）を使う。コロンは割り算を表す場合にも使う」

　割り算にコロンを使うというライプニッツの提案にもかかわらず、アメリカの書籍では疑句標（÷）を使って割り算を示している。この記号は、スイスの数学者ヨハン・ラーン（1622年－1676年）が1659年に出版した著書『*Teutsche Algebra*（ドイツの代数）』で初めて使ったものだ。

　ウェールズの数学者ロバート・レコードは、1557年に＝記号を導入し、毎回「……は……に等しい」と書かずにすむようにした（レコードが等号を紹介した一節は、figure 5-1　参照）。

　等式というトピックの一方で、不等号＞や＜を初めて使ったのはイギリスの数学者トーマス・ハリオット（1560年－1621年）で、本人の死後、1631年になって刊行された書籍に記されていたとされている。

figure 5-1　レコードによる等号の紹介

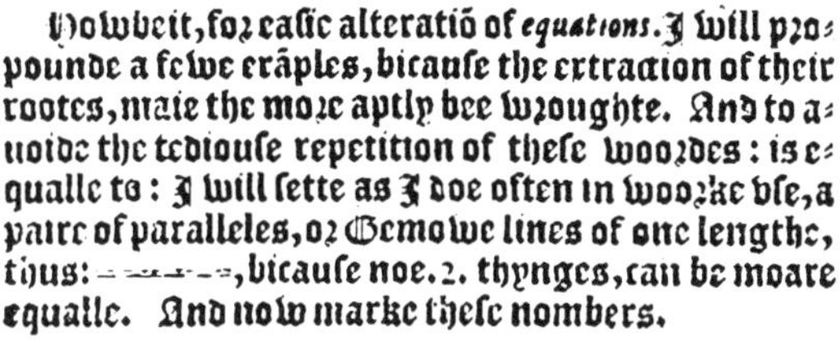

Howbeit, for eaſic alteratiõ of *equations*. I will propounde a fewe exãples, bicauſe the extraction of their rootes, maie the more aptly bee wroughte. And to auoide the tedtouſe repetition of theſe woordes : is equalle to : I will ſette as I doe often in woorke vſe, a paire of paralleles, or Gemowe lines of one lengthe, thus: ──────, bicauſe noe. 2. thynges, can be moare equalle.　And now marke theſe nombers.

こうして、いつも当たり前と思うばかりで、その謂れには関心を持たない基本的な記号の由来がわかった。

ではいよいよ、問題解決手段として知られることの多い考え方のいくつかを実際にやってみよう。

lecture
69 | 直観に
頼りすぎては
ならない

論理に基づく判断が実は正しくないという一風変わった状況に、十分な注意が向けられることは少ない。しかし、そうした反直観的な状況に注意を向けてみることで、日常生活をより深く見つめられるようになり、普通ではない問題を孕む状況に客観的に対処できるようになる。

では、そのような状況を1つ紹介しよう。みなさんの目の前に、**figure 5-2** に示すように何本かの楊枝が並べてあるとする。上と下

カリキュラムを飛び出そう | 5

の2行、左と右の2列にはそれぞれ11本の楊枝が並んでいる。

figure 5-2 楊枝の並び

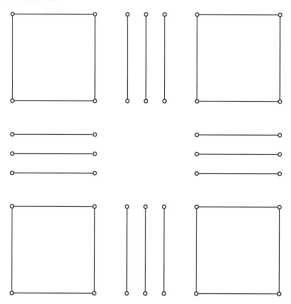

　今、各行と各列から楊枝を1本取り除いて、なおも各行と各列に11本の楊枝が並んだままにするように求められている。そんなことはできない気がする。何しろ、実際に楊枝を取り除こうとしているのに、各行と各列の楊枝の本数は、以前のままにするように求められているのだから。
　とりあえず、4本の楊枝を取り除いて *figure 5-3* にあるような状況にしてみるとどうなるだろうか。

figure 5-3　4本の楊枝を取り除いた後

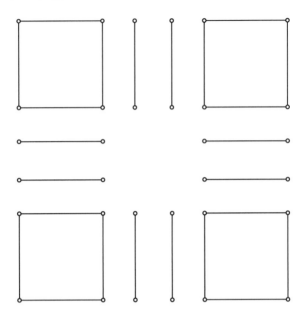

　もちろん、この試みは失敗である。この事態に直面し、それから私たちは自問する。どうすればできるのか？

　figure 5-2 にあるように並べながら本数を変えずにいられるというのなら、楊枝を何本か2重に数えなくてはならないだろう。*figure 5-4* を見ると、各列と各行の真ん中の位置から楊枝を1本取り除き、そしてそれらの楊枝を複数回数えられるように角の位置に置いてある。

カリキュラムを飛び出そう | 5

figure 5-4　角の位置に楊枝を置いて2重に数える

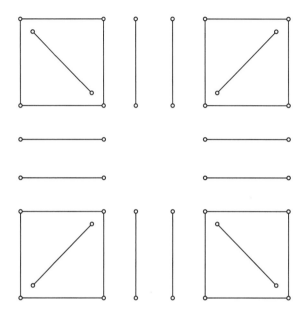

　こうして、外側の2行、および2列のそれぞれに11本の楊枝が並ぶように配置するという目的が果たせた。

　物事が反直観的であるという概念には、本書内でほかのいくつかのセクションでも触れている。「陽性＝病気？」、「誕生日をめぐる驚き」、あるいは「直観に反するモンティ・ホール問題」などがそうだ。反直観的な事柄は、もっと深刻な状況下で数々の事態を分析して生きていくために、誰にとっても注目に値するトピックだ。

lecture

70 | トーナメントの 試合数は?

　問題を解くことは、数学の重要な側面の1つだ。残念ながら、数学の問題を解く手順を教える際、どのような問題解決手段が使えるのかを考えさせるようなことはあまりなく、習ったトピックをただ当てはめるように導くばかりだ。

　問題を読んで誘導されてしまいがちな視点ではなく、別の視点から見るととても解きやすくなる問題もあるというのに、もったいないことだ。

　ここで1つの問題を提示しよう。解くこと自体は簡単で、問題が示す通りにその「道筋」にただ従えば良い。そうするのは極めて自然なことであり、実際、多くの人がそうするだろう。

　ところがこの問題は、ここで私たちが主張したいことをみなさんによくわかってもらうための絶好の機会となる。言い換えると、いかにして別の視点から問題を見るのかをみなさんにお見せする好機なのだ。

　先を読まずにこの問題に取り組み、あなた自身が「大多数の人が使う解決法」グループに分類されるかどうかを確かめてみるのも良いだろう。

　のちに示す解決法はおそらくほとんどの読者にとって魅惑的で

あろうし、それと同時に、将来に向けての道しるべとしても役に
立つはずだ。

　問題：あるバスケットボールの勝ち抜きトーナメントが競合
する25チームの間で行なわれる（1敗すればそのチームは敗退する）。
ただ1チームのチャンピオンが決まるまでに何試合行なわなく
てはならないだろうか？

　大多数の人が使う解決法とは、トーナメントをシミュレーショ
ンすることだ。まずは、12チームからなる2つのグループを考え、
第1ラウンドではこの2つのグループが対戦し、1チームは不戦
勝だ（12試合行なわれる）。第1ラウンド後、12チームは敗退し、
12チームと、不戦勝した1チームがトーナメントに残る。

　次の第2ラウンドでは、これら13チームのうち6チームがもう6
チームと対戦する。6チームが勝者となり、1チームは不戦勝だ（6
試合行なわれる）。

　第3ラウンドでは、勝ち残った7チームのうち、3チームがもう
3チームと戦い、3チームが勝者として残る。それから1チームが
不戦勝だ（3試合行なわれる）。

　第4ラウンドでは、勝ち残った4チームが互いに試合を行なう（2
試合行なわれる）。

　勝利した2チームが残り、互いに優勝をかけて戦う（1試合行な
われる）。

　行なわれる試合数を数えると、12＋6＋3＋2＋1＝24であり、
優勝チームを決めるために必要な試合数がわかる。

これは申し分なく正当な問題解決テクニックではあるが、とりわけエレガントでも効率的でもない。これほど単刀直入な問題の解決法について、代替となる（そしておそらくはもっとエレガントであって、いわば「人があまり通らない道」である）問題解決テクニックを持ち出した、詳しく調べる機会はあまりない。そこで、そうした代替の解決法をこの問題に対して考えてみよう。

先の問題を解決するはるかに単純な方法は、多くの人にとって、最初の試みとして楽に思いつくものではない。

この方法では、これまで述べたように勝者を考えるのではなく、敗者にのみ注目する。カギを握る問いがこれだ。「25チームが参加するトーナメントでは、1チームが勝者となるために何チームが敗者とならなくてはいけないのか？」

答えは簡単だ。24チームが敗者となる。24チームが負けるためには、何試合行なわなくてはならないのか？　もちろん24試合だ。だから、それが答えだ。とっても簡単だった。

ここでほとんどの人が自問するだろう。「なぜこの方法が思いつかなかったのか？」

その答えは、これまで積んできたタイプのトレーニングや経験と正反対だからだ。異なる視点からその問題を見るという手段に気づくと、ここで説明した場合のように、ときにすばらしい恩恵に恵まれる。どの手段が役に立つのかはまったくわからないだろう。

だから、実際にやってみるのだ。この場合、ほかの誰もが注目する事柄の逆のものを見ただけだ。すなわち勝者ではなく、

カリキュラムを飛び出そう | 5

敗者を考えた。そのおかげで、答えを手にする巧みな方法に出合えたのだ。

　上記の解決法には、興味をそそられるような代替の方法がある。それは次の通りだ。25チームのなかに、たとえば **NBA** のチームが紛れたかのように、ほかのどのチームよりも強いチームが1つあるとしよう。残りの24チームをそれぞれこのすばらしいチームと対戦させると、もちろん敗北するだろう。

　ここからも、わずか24試合を行なえばチャンピオンが決まることがわかる。この場合には、敗者ではなく格段に強いチームがカギだ。

lecture

71 | 考えるあまり 飲み過ぎないように

　学校では、数学の問題を解くことをとても重く見ている。そのため、中学校高等学校レベルで直面する問題は、特定のカテゴリに収まるように作られており、生徒はそういったタイプの問題をやや機械的に、型通りに取り扱うように教えられる。

　現実世界の難局で問題解決できるようになることを考えると、残念ながら、このやり方はあまり役に立たない。学校で教えられるべきだったのに、たいがいの場合にそうはならなかった問題とその解決法を明らかにすることが、過去に抜け落ちたものを埋め合わせる絶好の機会に繋がる。

　問題はとてもわかりやすく書かれているけれど、少しややこしく感じるだろう。ところが、この解決法のエレガントさこそ、重要視され真価を認められるべきだ。問題は以下のようなものだ。

　1ガロン（約3.78リットル）のボトルが2本ある。片方には赤ワインが1クォート（1ガロンの1/4。約0.95リットル）、もう片方には白ワインが1クォート入っている。大さじ1杯分の赤ワインを取り白ワインに加える。次に、新たにできた混合物（白ワインと赤ワイン）から大さじ1杯分を取って赤ワインのボトルに加える。

　白ワインのボトルに入っている赤ワインと、赤ワインのボトルに入っ

ている白ワインのどちらが多いだろうか？

　この問題を解くために、通常用いられる方法（つまり高等学校での教育のなかではよく「混合問題」として取りあげられるもの）で考えることができる。あるいは、論理的推論を巧みに使って、この問題の解決法を考えることもできる。

　後者の場合、その思考法は、極端な状態を利用するものだ。日常生活でこの種の推論を使うのは、以下のような選択に踏み切るときかもしれない。「最悪のシナリオでは、しかじかのことが起きるだろう。だから……とすることにしよう」

　では上記の問題をこの手段で解いてみよう。そのために、大さじ1杯という分量を変更しよう。この問題の結果が移す分量に依存しないのは明らかだ。だから極端に多い量としよう。その分量を何と1クォートすべてとする。

　つまり、問題文で与えられた指示に従い、全量（赤ワイン1クォート）を白ワインのボトルにそそぐ。この混合物はこのとき、50パーセントが白ワインで50パーセントが赤ワインだ。それからこの混合物を1クォートだけ赤ワインのボトルに戻す。

　この時点で、どちらのボトルに入っている混合物も同じだ。だから、赤ワインボトルのなかの白ワインも、白ワインボトルのなかの赤ワインも分量は同じだ！

　また別の形でも極端な事例を考えることができる。今度はワインを移すスプーンの容量をゼロとするのだ。この場合に結論はすぐに出る。白ワインのボトルに入っている赤ワインは、赤ワインのボトルに入っている白ワインと同じ量、つまりゼロだ！

このような問題解決の方法は、将来的にいかに数学の問題に
アプローチするか、さらには将来の日常的な意思決定をどうやっ
て詳しく調べるかという点でも、大変に意義深い。

lecture

72 系統立てて考える

　ひと目見るなりやや途方に暮れてしまうような問題に直面する
ことは少なくない。だが、そういった問題が学校での一般的な
数学のカリキュラムのなかに登場することは、あいにくめったにな
い。この種の問題は、日常生活で直面するかもしれない問題に
取り組む一助となるものの、論理的あるいは単純な解決手段に
役立てるのは簡単ではない。ここでそうしたものをいくつか考え
てみよう。

figure **5-5** に示した図形の中に、異なる三角形はいくつあるかと尋ねられたとしよう。すると私たちは数を数えはじめ、それからまもなく気づいてみればある三角形をすでに数えたのかどうかをめぐって混乱を来している、ということになりがちだ。

figure **5-5**　この図の中に三角形はいくつあるか

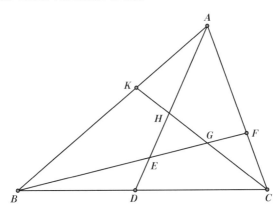

ここで、1つひとつ図形を再構成してみるとやりやすくなる。毎回新たに1本の直線を加え、新たに加えた直線によって辺が決まる三角形を数える。*figure* **5-6** に示してあるように、まずは三角形ABCにおいてたった1本、直線を加えてみよう。

figure 5-6　三角形 ABC に線を1本加える

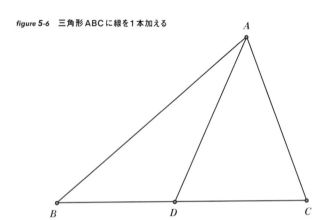

figure 5-6 には、三角形が3つしかない。つまり△ABC、△ABD、△ACDだ。ここでもう1本の直線BFを加え、*figure* 5-7 の三角形の数を数える。

figure 5-7　もう1本線を加える

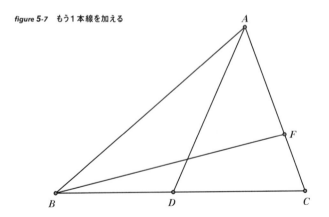

線分BFを引くと、次に挙げる三角形はその線分、あるいは

その一部を辺として使っていることがわかる。△ BED、△ ABE、△ ABF、△ AEF、△ BFC だ。

　次に3本目の線分を加え、元々示してあった図を完成させ、辺として線分 CK を、あるいは辺として線分 CK の一部を使っている三角形をリストアップする。以下のような三角形だ。△ BGC、△ BKC、△ HEG、△ DHC、△ BKG、△ AKH、△ AHC、△ GFC、△ AKC だ **figure 5-5**。

　こうして、元の図には合計で17の三角形が見られる。それらを比較的簡単に数えあげられたのは、1つずつ図形を再構成し、線分を加えると見えてくる新たな三角形をその都度数えたからだ。一般的にこれは、問題が一見して解けそうもないと思える場合に役に立つ手段だ。

　この種の問題、つまり、ばらばらにする方式でアプローチすると極めて簡単に解決できる問題には、次のようなものもある。

　平均して、雌鶏1.5羽が1.5日で1.5個の卵を産めるならば、6羽の雌鶏は8日間でいくつの卵を産むだろうか？

　論理に沿って一歩一歩この問題にアプローチするために、その都度3つの変数のうち2つだけを2倍する。

　まず、元の問題で示してあったことは以下の通りだ。

- $\frac{3}{2}$ 羽の雌鶏は $\frac{3}{2}$ 日で $\frac{3}{2}$ 個の卵を産む
  雌鶏の数を2倍する（けれども日数はそのままとする）。
- 3羽の雌鶏が $\frac{3}{2}$ 日で3個の卵を産む
  日数を2倍にする（けれども雌鶏の数はそのままとする）。

- 3羽の雌鶏が3日で6個の卵を産む

  日数を3分の1にする（けれども雌鶏の数はそのままとする）。

- 3羽の雌鶏が1日で2個の卵を産む

  雌鶏の数を2倍する（けれども日数はそのままとする）。

- 6羽の雌鶏が1日で4個の卵を産む

  したがって、8日間ならば、日数に8を掛ける（けれども雌鶏の数はそのままにする）と必要とする結果を以下の通りに得る。

- 6羽の雌鶏が8日で32個の卵を産む

　このプロセスのどのステップでも3つ以上の変数を同時に扱ってはいないことに注意しよう。そのおかげでかなりややこしい問題も簡潔になる。

　ここで取りあげた2つの問題が必要とする論理的思考は、学校のカリキュラムからは外されがちだが、日常の問題を扱う際には本当に価値があるのだ。

カリキュラムを飛び出そう | *5*

lecture 73 | 割安なのは どちらか

　割合の問題は難しくていつまで経ってもわからないという人は多い。そして悲しいことに、割合は学校でくどくどと教えられる。特に嫌がられるのは、同じ問題のなかで何度も割合を処理しなくてはならない場合だ。

　このセクションを通じて、そのかつての難問がうれしくなるほど単純な計算アルゴリズムになり、そのアルゴリズムのおかげで有益な応用方法が多く得られ、また連続割引問題に対する新たな視点がもたらされるなら、執筆者冥利に尽きる。ここで紹介する手順はよく知られているとは言えないが、みなさんを魅了するはずだ。手始めに次のような問題を考えよう。

　チャールズはコートを買いたいと思いながら、ジレンマに陥っている。隣り合う競合店が同じブランドのコートを販売しており、定価は同じであるものの、2店が提示している割引は異なっている。

　店 *A* は年間を通じてすべての商品を10パーセント割り引くとしているが、特にこの日はすでに割り引いた価格からさらに20パーセント割り引くとしている。店 *B* は負けじと、その日は単純に30

パーセント割引を提示している。2店の割引価格はどちらがお得なのだろうか?

一見したところ、価格に差はないように思うかもしれない。10＋20＝30なので、2つのお店は同じ割引を提示していると考えてしまうかもしれない。ところが、もう少し考えてみると、それは正しくないことに気づくだろう。なぜならば、店Aでは元の定価に対して10パーセントだけ割り引きし、次に、その下げた価格に対して20パーセント割り引くからだ。一方、店Bでは、30パーセント割引をまるまる元の定価に対して行なうのだ。

コートの値段を100ドルと仮定して、10パーセント割り引くと、価格は90ドルになる。そして90ドルからさらに20パーセント（18ドル）割引をすると、価格は72ドルに下がる。店Bでは、100ドルから30パーセントを割り引いて価格は70ドルに下がる。これで割引の差は2ドル、2パーセントだ。この手順は、さほど難しくはないものの少々面倒で、必ずしも状況を十分に見通せるとは限らない。

ではここで、興味深くて、ずいぶんと珍しい手順をお見せしよう。このような手順は学校では教えられてこなかったはずだ。それでは、その方法に従って、2回（あるいは3回以上）連続して割り引く（割り増す）のと同等な1回の割引（割増）を求めよう。

1. 各割引を小数の形に変える。

   .20 および .10

2. これらの小数をそれぞれ1.00から引く。

   .80 および .90 （割増なら1.00に加える）

カリキュラムを飛び出そう | *5*

3．これらを掛け合わせる。

$(.80)(.90) = .72$

4．この数（つまり.72）を**1.00**から引く。

$1.00 - .72 = .28$　これが組み合わせた割引率だ。

（ステップ3の結果が**1.00**より大きければ、その数から**1.00**を引いて割増率が得られる）

　.28をパーセントの形に変換し直すと、28パーセントとなり、これは20パーセントと10パーセントの割引を連続したものと同等だ。この組み合わせた割引率である28パーセントは、30パーセントとは2パーセントの差がある。

　同じ手順に従って、3回以上連続する割引を組み合わせることもできる。さらに、割引は**1.00**から引いて同じ方法で手順を続けたのに対し、割増を連続させる場合には、割引と組み合わせても組み合わせなくても、割増分に相当する小数を**1.00**に加えることで、この手順を使える。

　もしも最終結果が**1.00**より大きければ、それは上記の問題に見られた割引よりも全体として割増になったということの表れだ。

　この手順はよくある厄介な状況を効率化するだけではなく、全体的概念を理解するためのきっかけとなる。たとえば、「上記の問題で、20パーセントの割引を受けてから10パーセントの割引を受けることと、逆に、10パーセントの割引を受けてから20パーセントの割引を受けることでは、買い手にとってどちらが好都合だろうか？」という問いについて考えよう。

　この問いに対する答えは、直観的にただちに明らかとは言え

337

ない。ところが、たった今示した手順から、計算は単なる掛け算であることがわかり、掛け算は可換な演算であるがゆえに、2つの選択肢の間には差がないとわかる。

　だからここで、割引や割増やその組み合わせを連続して行なうためのなじみやすいアルゴリズムを手に入れる。これは役立つばかりではなく、割合を扱う上での新たな力にもなる。

lecture 74 | 貯金が倍になる 72の法則

　複利計算の問題は、$A = P\left(1 + \dfrac{r}{100}\right)^n$（ここで A は結果の合計金額、P は年間利率 r パーセントで n 期間にわたり投資する元金）という公式で計算できる。ここには、興味深いちょっとしたスキームがあるのだが、あまり触れられることはない。とても役に立つのだが、いくぶん証明しにくいそのスキームは「72の法則」と呼ばれる。

　「72の法則」によると、おおまかに言えば、年間 r パーセント

の複利で投資すれば、金額は$\frac{72}{r}$年で2倍になる。だからたとえば、年間8パーセントの複利で投資するなら、$\frac{72}{8}=9$年で金額が2倍になる。同様に、複利6パーセントで銀行に金を預けておいたら、この合計金額を2倍にするまでに$\frac{72}{6}=12$年を要する。

このテクニックの美しさは、その簡潔さにある。興味をお持ちの読者のために、この法則が成り立つわけを少し説明しておこう。

まずは複利計算の公式 $A=P\left(1+\frac{r}{100}\right)^{n}$ に戻って考えよう。

$A=2P$の場合にどうなるのかを調べればよいので、さきほどの等式は次の通りになる。

$$2P=P\left(1+\frac{r}{100}\right)^{n}、つまり 2=\left(1+\frac{r}{100}\right)^{n}$$

すると、$n=\dfrac{\log 2}{\log\left(1+\frac{r}{100}\right)^{n}}$となる。

関数電卓の力を借りて、上記の等式から値の表を作ってみよう。

Table 5-1 r、n、nr の一覧表

r	n	nr
1	69.66071689	69.66071689
3	23.44977225	70.34931675
5	14.20669908	71.03349541
7	10.24476835	71.71337846
9	8.043231727	72.38908554
11	6.641884618	73.0607308
13	5.671417169	73.72842319
15	4.959484455	74.39226682

nr の値の算術平均をとると、**72.04092673** となり、これは **72** に極めて近い。だからこの「72の法則」は、年間 r パーセントの複利で、n 期間に金を2倍にすることの概算として精度がとても高いと言えそうだ。

われこそぜひ、と思う読者は、お金を3倍や4倍にする「法則」を見つけてみてほしい。やり方は金を2倍にすることを考えた方法と同様だ。

k 倍に対応する類似した方程式は

$$n = \frac{\log k}{\log\left(1 + \dfrac{r}{100}\right)}$$

となる。これは $r = 8$ のときに $n = 29.91884022(\log k)$ となる。

こうして $nr = 239.3507218\log k$ であり、これは $k = 3$（3倍効果）の場合に、$nr = 114.1993167$ となる。こうして、お金を3倍にすることに対しては「114の法則」があると言えるだろう。

カリキュラムを飛び出そう | *5*

lecture 75 | 簡単で難しい ゴールドバッハ 予想

　学校で教える数学の大部分は、ある種の論理的議論や証明によって、ともかくも正当性を示せる。数学には、正しいようでありながら決して厳密に裏づけられない、つまり、証明できない現象がいくつもある。これらは数学的予想と呼ばれる。

　いくつかの事例では、コンピュータの力を借りてその主張の真実性を支持する例を大量に生成できているものの、それでもまだすべての場合について正しいとは言えない。

　ある主張が正しいという結論を出すためには、それがすべての場合について正しいという論理的な証明をしなくてはならないのだ。

　何世紀にもわたり数々の数学者を挫折させてきたとりわけ有名な数学の予想のなかから1つを挙げるならば、ドイツの数学者クリスティアン・ゴールドバッハ（1690年 − 1764年）が、1742年6月7日にスイスの高名な数学者レオンハルト・オイラー（1707年 − 1783）あてに送った手紙で示したものだろう。

　手紙のなかでゴールドバッハは以下のような主張をしているが、こんにちに至るまで証明されていない。一般的にゴールドバッハ

の予想と呼ばれるその主張は、次の通りだ。

「2より大きいすべての偶数は、2つの素数の和として書き表せる」

　偶数、およびそれを素数の和で表した形を集めた次のような一覧を元にして、さらに列挙し続けると、（見たところでは）きっとどこまでも尽きないのだろうと思えてくる。

Table 5-2　2つの素数の和として偶数を表した例

2より大きい偶数	2つの素数の和
4	2＋2
6	3＋3
8	3＋5
10	3＋7
12	5＋7
14	7＋7
16	5＋11
18	7＋11
20	7＋13
…	…
48	19＋29
…	…
100	3＋97

　何人もの著名な数学者がこの予想を証明しようと、つまり正当であることを示そうと価値のある試みを重ねてきた。1855年、A・デボーヴが10000までのすべての偶数について、ゴールドバッハの予想が正しいことを確かめた。1894年に高名なドイツの数

学者ゲオルク・カントール（1845年－1918年）が、（少し退行し）予想は1000までのすべての偶数について正しいことを示した。

それから、1940年にN・ピッピンが100000までのすべての偶数について正しいことを示した。

1964年までには、コンピュータの力を借りて、33000000までは正当性が確かめられ、1965年にはこれが100000000まで拡張された。その後1980年に、この予想は200000000まで正しいことがわかった。

1998年になると、ドイツの数学者イェルグ・リヒシュタインが、ゴールドバッハの予想は400兆までのすべての偶数について正しいことを証明した。2013年5月26日時点で、トマス・オリヴェイラ・エ・シルヴァが$4 \cdot (10^{17})$までの数について予想が正しいことを確かめている。

この予想の証明には100万ドルの賞金が懸けられている。こんにちまで、その賞金は自分のものだと主張する人はいない。というのもこの予想はすべての場合に対して証明できているわけではないからだ。

ゴールドバッハはまた、2つ目の予想も立てた。これはペルーの数学者ハラルド・ヘルフゴットが2013年に証明したもので、次のような主張だ。5より大きいすべての奇数は3つの素数の和として書き表せる。

またも、いくつかの例を示すので、みなさんの手で好きなだけ表を拡張してほしい。

Table 5-3　3つの素数の和として奇数を表した例

5より大きい奇数	3つの素数の和
7	$2+2+3$
9	$3+3+3$
11	$3+3+5$
13	$3+5+5$
15	$5+5+5$
17	$5+5+7$
19	$5+7+7$
21	$7+7+7$
…	…
51	$3+17+31$
…	…
77	$5+5+67$
…	…
101	$5+7+89$

　言うまでもなく、1つ目の予想が正しければ、2つ目の予想も同様に正しいに違いない。なぜならば、奇数から素数3を引くと偶数になるからだ。もしもその偶数が2つの素数の和として書けるのなら、元の数も間違いなく3つの素数の和として書き表せる。

　これら未解決問題によって何世紀にもわたって多くの数学者が苦しんできた。そして、正しいことが証明されたのは2つ目の予想だけで、1つ目の予想に対する反例は、たとえコンピュータの力を借りても見つかっていない。

　それなのに、1つ目の予想までも正しいということはかなり有力視されている。興味深いことに、これらを証明しようという努

カリキュラムを飛び出そう | *5*

力は数学におけるいくつかの意義深い発見に繋がった。証明を追い求める勢いがあったからこそ見いだされたであろうものだ。これらの予想に私たちは奮い立ち、それと同時に楽しみの源を手に入れるのだ。

lecture
76 | 1、2、4、8、16、31…

　ほとんどの人が学校で接する数列や級数は、通常は広く知られたパターンとして理解できる。たとえば、数列の先頭5項の数が1, 2, 4, 8, 16であるとわかると、次の数は32だろうとほとんどの人は考える。確かに、それで良いだろう。

　だから、次の数が（予想した32ではなく）31だとわかったときに、「それは違う！」と声を大にして言う人がいてもおかしくはない。

　とはいえ、何と31も正しい答えであり、1, 2, 4, 8, 16, 31,

345

……は正当な数列になり得る。

　数学のこういった一面は誰もが味わっておくべきだ。言うなれば、直観は状況の正当性を判断するための唯一の拠り所ではない。数学では、直観に反すると思われる事柄でも証明できる。

　今すべきなのは、この数列の正当性を示すことだ。幾何学的にそれができたら良いだろう。そうすれば物理的性質に関する説得力ある証拠になるであろうからだ。

　それは後ほど行なうことにして、ひとまずはこの「変わった」数列の続きの数を見つけよう。

　数列の項の間の差（階差）を示す表を作ろう。

　与えられた31までの数列を元にして、いったん1つのパターンが定められたら、次に逆方向に処理を進める。そのパターンは第3階差に見いだせる。

Table 5-4　数列の階差をとっていく

元の数列	1		2		4		8		16		31
第1階差		1		2		4		8		15	
第2階差			1		2		4		7		
第3階差				1		2		3			
第4階差					1		1				

　第4階差が定数列なので、ここで表を上下逆にして第3階差に4と5を付け加えて数ステップ拡張し、プロセスを逆にたどることができる。

Table 5-5 **表をひっくり返す**

第4階差					1		1		1		1				
第3階差				1		2		3		4		5			
第2階差			1		2		4		7		11		16		
第1階差		1		2		4		8		15		26		42	
元の数列	1		2		4		8		16		31		57		99

ここでの元の数列は、第3階差の数列から逆戻りして得たものだ。ここで与えられた数列の次の数が**57**、**99**であることがわかる。この数列の一般項は4次式で表せる。第4階差で定数列になるからだ。一般項（第 *n* 項）は、

$$\frac{n^4 - 6n^3 + 23n^2 - 18n + 24}{24}$$ だ。

今述べたこのちょっとした練習問題から、この数列は人工的な並びであって、数学的な意義はないという印象を得るかもしれない。その間違った考えを払拭するために、*figure 5-8* に示したパスカルの三角形を考えよう。

figure 5-8 **パスカルの三角形**

```
                    1
                 1     1
              1     2     1
           1     3     3     1
        1     4     6     4     1
     1     5    10    10     5     1
  1     6    15    20    15     6     1
1     7    21    35    35    21     7     1
   1   8    28    56    70    56    28    8    1
```

figure 5-8 に示したパスカルの三角形で水平な1行に並ぶ数の和を考えよう。不思議なことに、これらの和、1, 2, 4, 8, 16, 31, 57, 99, 163 は先ほど作り出した数列になる。

幾何学的に解釈すると、みなさんが数学に本来備わっている美しさと一貫性を確信する上で一層の力が得られるだろう。それをするために、円上の点を結ぶことで円を分割してできる領域数の表を作る。これは実際に円を分割してやってみると良い。ただし、3本の直線が1点で交わることはないようにすること。そうでないと領域が1つなくなってしまう。

Table 5-6　円を分割してできる領域の数

円上の点の数	円を分割してできる領域の数
1	1
2	2
3	4
4	8
5	16
6	31
7	57
8	99

カリキュラムを飛び出そう | 5

lecture 77 | 無限の不思議

　誰もが加算の可換性、つまり $1+2=2+1$ を学んだ。ところが、$1-1+1-1+1-1+1-1+$……という無限級数を考えてみると、

　$(1-1)+(1-1)+(1-1)+(1-1)+$……

　$=0+0+0+0+0+$……

　$=0$

のように数を2つ1組にして和を求めることができる一方で、以下の通りに2数を1組にすることもできる。

　$1+(-1+1)+(-1+1)+(-1+1)+(-1+1)+$……

　$=1+0+0+0+0+$……

　$=1$

　こうして、同じ級数でも、どのように級数内の連続する2数を1組にするかによって、2通りの異なる和が出てくる。ここでは、ただ結合性を利用しているだけだ。

　この数体系において結合性が成り立つことはわかっている。イタリアの数学者ルイージ・グイード・グランディ（1671年 – 1742年）はこの謎に心惹かれ、1と0という2つの値の間で妥協し、次のようなやり方で、この級数の和としてそれらの平均、つまり $\frac{1}{2}$ が得られることを示した。

349

$S=1-1+1-1+1-1+1-1+\cdots\cdots$ とする。すると級数は無限に続くので、これは次のように書けると考えて良い。$S=1-(1-1+1-1+1-1+1-1+\cdots\cdots)$。ここで括弧内の値も S に等しいことに注目する。

これで S の値は $S=1-S$ と書けることになり、よって $2S=1$、つまり $S=\dfrac{1}{2}$ となる。

では、次に示すような部分和を考え、この無限級数を捉える別の方法を見てみよう。

$S=1$
$S_2=1-1=0$
$S_3=1-1+1=1$
$S_4=1-1+1-1=0$
$S_5=1-1+1-1+1=1$

部分和は 1 と 0 を交互にとるので、この級数は、たとえ無限大に近づいても特定の値には収束しないように思えるだろう。この方法で得られる無限級数には意味がない。

今度は次のような級数を考えることにしよう。この級数は交代調和級数と呼ばれる。

$$H=1-\frac{1}{2}+\frac{1}{3}-\frac{1}{4}+\frac{1}{5}-\frac{1}{6}+\frac{1}{7}-\frac{1}{8}+\cdots$$

もしもここで先ほどと同じように部分和をとると、興味深いものが見えてくる。

$$S_1 = 1$$

$$S_2 = 1 - \frac{1}{2} = .5000$$

$$S_3 = 1 - \frac{1}{2} + \frac{1}{3} = .0833\cdots$$

$$S_4 = 1 - \frac{1}{2} + \frac{1}{3} - \frac{1}{4} = .5833\cdots$$

$$S_5 = 1 - \frac{1}{2} + \frac{1}{3} - \frac{1}{4} + \frac{1}{5} = .7833\cdots$$

級数の項数が増えるにつれて、和は.693147……にどんどん近づき始める。この値は2の自然対数だ（In 2と書く）。ところがまたも、この交代調和級数で数を加えていくと、ほかにもさまざまな値を取ることがわかる。たとえば、級数の項を次のようにグループ化するとしよう。

$$H = \left(1 - \frac{1}{2} - \frac{1}{4}\right) + \left(\frac{1}{3} - \frac{1}{6} - \frac{1}{8}\right) + \left(\frac{1}{5} - \frac{1}{10} - \frac{1}{12}\right) + \cdots$$

各括弧内を簡単にすると

$$H = \left(\frac{1}{2} - \frac{1}{4}\right) + \left(\frac{1}{6} - \frac{1}{8}\right) + \left(\frac{1}{10} - \frac{1}{12}\right) + \cdots$$

となる。

ここで各括弧から$\frac{1}{2}$をくくり出すと

$$H = \frac{1}{2}\left(1 - \frac{1}{2} + \frac{1}{3} - \frac{1}{4} + \frac{1}{5} - \frac{1}{6} + \frac{1}{7} - \frac{1}{8} + \cdots\right)$$

となるので、括弧のなかに交代調和級数が再び現れていることに気づく。ただし今度は、同じ和（H）が前に求めた値の半分になっている。つまり、$H = \frac{1}{2}H$だ。

これを目にしたら、きっともっと探究したくなる。ここで紹介し

たのは、無限というものに取り組むならば向き合わなくてはならない謎のほんの一部だ。無限は、軽く考えるべき概念ではないけれども、学校のカリキュラムで習う事柄を超えて、数学に対する一層すぐれた見識をもたらしてくれる。

lecture

78 | 無限とは?

　無限という概念は、正しく教えられることがほとんどないテーマだ。なぜならば、この概念はとても捉えにくく、まだ十分に発達していない若い人の頭にはなおさら難しいからである。

　すべての自然数の集合（無限集合）が正の偶数の集合と同じ大きさだということを理解するのはとても困難だ。正の奇数を除いた集合と、それを含む集合とがなぜ同じ大きさになるのか。

　これは、すべての自然数 n に対して、正の偶数 $2n$ が存在する

ためである。要するに、この2つの無限集合の元の数が同じだと言えるのは、数からなるこれら2つの集合の元の間に1対1対応がつくからなのだ。

振り返ってみると、このような論理は学校のレベルで大多数の生徒に受け入れられるものだろうか？　やはり、2つの集合のうち片方がもう片方を紛れもなく包含しているのに、それらの集合の大きさが等しいという考えを直観的だとは到底言えない。

それから、もしも猿がキーボードの前に座って、無限時間にわたり無作為に個々のキーを打つとしたら、シェークスピアが書いたすべての作品を、まったく同じように作り出せるだろうということもよく聞く。

ほかにもまだまだたくさんある。こういうわけで、無限という概念の理解はまさしく一層困難になる。

かの有名な無限ホテルのパラドックスを見てみよう。これは元々ドイツの数学者ダフィット・ヒルベルト（1862年–1943年）が考えだしたものだ。この架空のホテルには、廊下に無限個の部屋が並んでいる。1号室、2号室、3号室、とどこまでも続く。

ある晩、すべての部屋に客が入っているところに、宿泊希望の客が1人、部屋を求めて訪れてくる。何とレセプション係は、この新たな客のために見事部屋を探しだす。係は、無限に続く部屋に泊まっているすべての客に対して、1号室の客は2号室へ、2号室の客は3号室へ、3号室の客は4号室へ、といった具合に移ってもらったのだ。

このパラドックスはさらに、無限に多くの客室があり、すべて

の部屋が埋まっているホテルに、そのホテルでの宿泊を希望する客を乗せたバスが到着するという状況に拡張される。

　ここでも客は、無限の特殊性ゆえに、同じような方法で宿泊する部屋を確保できる。これは無限台のバスが到着し、各バスには部屋を確保したい無限の客が乗っているというさらなるレベルにまで拡げることができる。無限という概念の特殊性から、こうした状況でさえ対処可能なのだ。

　無限の概念に基づいて組立てられるパラドックスはいくつもある。ここでゼノン（紀元前490年頃 − 紀元前425年頃）による、よく知られたパラドックスを取りあげよう。

　簡単に説明すると、壁に向かって歩いている人が、壁までの距離の半分だけ進み、次はそこから壁までの距離の半分だけ進むことを繰り返すとすると、その人は決して壁にはたどり着かないであろうというものだ。

　なぜならば、その人はまず壁までの中間点までしか進めず、次にそこから壁までの中間点までしか進めない。こうした中間点が無限に考えられるからだ。

　自然数からなる無限集合よりも大きな集合を作る方法を問われたとき、考えられる構成は、その無限集合のすべての部分集合の集合を考えることだ。それはより大きな集合になるだろう。無限の概念に関して学校で生徒に見せられる例はいくつでも挙げられる。

　ところが疑問がある。まだ十分に成長していない頭の持ち主は、

その概念と密接に関連する複雑性がどの程度、本当に理解できるのかだ。

私たちが無限の概念にとらわれてしまい、反直観的な状況に陥ってしまう例を1つ見てみよう。たとえば、自然数の集合（1, 2, 3, 4, 5, ……）の大きさと偶数の集合（2, 4, 6, 8, 10, ……）の大きさの比較を考える。

直観的に考えれば、自然数の集合のほうが偶数の集合よりもはるかに大きいはずだと言うだろう。ところが、これらは無限集合であるため、すべての自然数に対して、偶数の集合のなかにパートナーが存在することが示せる。つまり、2つの集合は元の数が等しいということだ。

とはいえ、直観的にこれは混乱を招く。なぜならば、偶数の集合には奇数がまったく含まれず、その一方、自然数の集合にはすべての奇数が含まれているのだから。

自然数の集合が偶数の集合と同じ大きさであるのを理解するよりもさらに難しいのが、0と1の間にある実数（つまり有理数と無理数）の集合が自然数の集合よりも大きいと考えることだ。

0と1の間の実数は可算集合として存在するわけではない。つまり自然数の集合と1対1対応がつかない。結果として、実数の集合はより大きな無限集合となる（非可算集合については本章内のもう少し先で触れる）。

ここでは無限という概念をほんの少しかじっただけだ。この概念は一般的には（明確な理由から）高等学校のレベルでは何らかの実質的な方法で教えられることはない。でも本書では以降の

セクションでも、この気になる概念について引き続き調べていく。

　ここで紹介したパラドックスはまさかと思うようなものではあるけれども、それらを理解すると、無限という概念、そして、数学を学ぶことがどんなに魅力的であり得るのか、まさにそれが明らかになる。

lecture 79 | 数え切れないものを数える

　子供たちは1000や、さらに大きい数まで数えあげる方法を覚えるとたいがい、「一番大きな数」があるのかどうかと思い始める。

　一番大きな数などないことは子供たちにもすぐにわかるだろう。任意の正の整数が与えられたとき、それに1を加えればより大きな数が必ず作れるからだ。

　最大数という概念には意味がない。明らかに無限に多くの正

の整数が存在するし、だからこそ自然数の集合は無限でなくてはならない。

ところが、数からなる無限集合はほかにも存在する。そこで、2つの無限集合を比較するとどうなるのかを見てみよう。

すべての自然数の集合 $N = \{1, 2, 3, \cdots\cdots\}$ とすべての整数の集合 $Z = \{\cdots\cdots, -3, -2, -1, 0, 1, 2, 3, \cdots\cdots\}$ を考えよう。おそらく私たちは、Z のほうが N よりも実体的には大きな集合である、もっと詳しく言えば本質的に2倍の大きさである、と判断するだろう。

これは、完璧に理に適っていて妥当な、誰もが疑問を持たないであろう推測のように思える。ところが、N が無限なのはわかっているのだから、Z が N よりも大きいという推測から、Z は何らかの形で「もっと無限」でさえあるということになる。それはどういう意味なのだろうか?

さらに、任意の2つの整数の間には非常に多くの分数がある。ゆえに、すべての分数（つまり有理数）の集合 Q は、Z よりも「さらにもっと無限」なものとなる。でもどのくらい、さらにもっとなのか?

それからすべての実数 R はどうなのか?　無限を「測る」方法があるのだろうか?

これらの疑問が、少なくとも数学的に見て厳密な方法で、取り組まれるようになったのは、数学の歴史上、かなり最近であるというのは意外だ。

(負の) 整数の概念、分数の概念、さらには無理数の概念までも、かなり古くからすでに使われており、無限をめぐる哲学的議論はアリストテレス (紀元前384年 – 紀元前322年) のころまでさかのぼる。

　一方で、無限集合同士の比較を可能にする数学的概念は長い時間をかけてようやく誕生した。ドイツの数学者ゲオルク・カントール (1845年 – 1918年) は、たとえ無限集合であっても、異なる集合の大きさを比較するための極めて簡潔ながら目覚ましい方法を見いだした。

　そればかりか、集合の数学的概念を定義して確立し、集合論という分野を発展させもした。この分野は今や現代数学の基礎の1つだ。

　集合の比較に関するカントールの目覚ましい考え方を説明するために、2つの集合 A、B が与えられており、どちらも有限個しか元を含まないとしよう *figure 5-9*。

figure 5-9　**集合を比べるには**

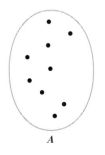
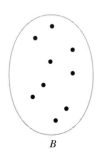

すると次の3つの主張のうち1つ（だけ）が正しくなくてはならない。

1. 集合 A は集合 B よりも元の数が多い。
2. 集合 A は集合 B よりも元の数が少ない。
3. 集合 A と集合 B は元の数が等しい。

これらの主張のうちどれが正しいのかを、実際に A や B の元を数えずに知る手立てが何かあるだろうか？

それが、あるのだ！　たとえば、一方から他方へ線を引くなどの方法で、A の各元とそれに対応する B の元の組を作りさえすれば良い *figure 5-10* 。

figure 5-10　1対1対応を考える

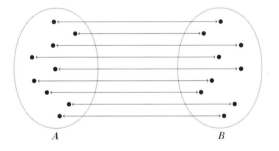

A と B のすべての元をどうにかして対応づけ、どちらの集合にも対応がつかない元がなければ、このときに A の各元に対して B にちょうど1つの「パートナー」の元が存在するはずで、両方の集合は同じ数の元を含むに違いない。

数学では、これを2つの集合の元の間の1対1対応と呼ぶ（先に簡単に触れた通り）。

集合を比較するこの方法はじつのところ、とても古くからある。というのも、実質的に「指で数えること」にほかならないからだ。カントールはこの手段が無限集合にも適用できることを初めて認識した。

有理数は数えられる！

カントールによる1対1対応の概念のおかげで、私たちは2つの無限集合を比較することができる。なぜならば、各集合で別々に実際に元の個数を数えて比べる必要はないからだ。

2つの集合の元の間に1対1対応を確立できるかどうかを見極めるだけで良い。

先ほど、自然数よりもかなり多くの有理数（つまり分数）があることをみなさんに説明しようとしたのだが、何とそれは間違いなのだ。

カントールは、有理数には自然数と1対1対応がつけられることを示した。言い方を変えると、すべての有理数には無限の行列に並ぶ待ち番号を与えられるのだ。

ここで詳しく証明はしないが、カントールの証明の本質的な考え方は理解し難いわけではない。

当面、正の分数だけを考えよう。分数 $\frac{p}{q}$ を p 行と q 列の交点のセルに置くことにすると、正の分数は表中に並べられる *figure 5-11* 。

たとえば、分数 $\frac{73}{111}$ は表中で73番目の行と111番目の列の交点にくる。ここですべての正の分数を待機列に並べたい。もちろ

ん、この列は決して途絶えない。というのも表は決して終わらないからだ。でもそれは問題ではない。確実にすべての分数を含むようにすれば良いのだ。

これを達成するために、カントールが提示したのが巧みな「対角線」数えあげの仕組みだ *figure 5-12* 。

この仕組みでは、$\frac{1}{1}=1$ から出発し、右向きに矢印を描くと、$\frac{1}{2}$ に達する。ここから斜め下向きに $\frac{2}{1}=2$ まで進み、真っ直ぐ下へ $\frac{3}{1}$ に達する。次に斜め上向きに進み、$\frac{1}{3}$ に達する（$\frac{2}{2}=1$ はすでに数えたので飛ばした）。

この手順を丸ごと繰り返す、つまり「右に1つ動き、斜めに第1列まで下がる。それから真下に下がり、斜め上向きに進む」のだ。すでに数を付与したものと同じ分数に出合ったら、必ずそれを飛ばす（ *figure 5-12* 中でそういった分数を飛ばしている）。

figure 5-11　すべての有理数

$\frac{1}{1}$	$\frac{1}{2}$	$\frac{1}{3}$	$\frac{1}{4}$	$\frac{1}{5}$	$\cdot\,\cdot$
$\frac{2}{1}$	$\frac{2}{2}$	$\frac{2}{3}$	$\frac{2}{4}$	$\frac{2}{5}$	$\cdot\,\cdot$
$\frac{3}{1}$	$\frac{3}{2}$	$\frac{3}{3}$	$\frac{3}{4}$	$\frac{3}{5}$	$\cdot\,\cdot$
$\frac{4}{1}$	$\frac{4}{2}$	$\frac{4}{3}$	$\frac{4}{4}$	$\frac{4}{5}$	$\cdot\,\cdot$
$\vdots$	$\vdots$	$\vdots$	$\vdots$	$\vdots$	

figure 5-12　すべての有理数を数える

$\frac{1}{1}$	$\frac{1}{2}$	$\frac{1}{3}$	$\frac{1}{4}$	$\frac{1}{5}$	$\cdot\,\cdot$
$\frac{2}{1}$	$\frac{2}{2}$	$\frac{2}{3}$	$\frac{2}{4}$	$\frac{2}{5}$	$\cdot\,\cdot$
$\frac{3}{1}$	$\frac{3}{2}$	$\frac{3}{3}$	$\frac{3}{4}$	$\frac{3}{5}$	$\cdot\,\cdot$
$\frac{4}{1}$	$\frac{4}{2}$	$\frac{4}{3}$	$\frac{4}{4}$	$\frac{4}{5}$	$\cdot\,\cdot$
$\vdots$	$\vdots$	$\vdots$	$\vdots$	$\vdots$	

対角線数えあげの仕組みがなぜ重要なのかを知るには、次のような説明が参考になるだろう。みなさんはロボット芝刈り機をお持ちで、 *figure 5-11* の分数の無限表によって刈るべき領域が明

示されているとしよう。

この無限に続く芝のすべての区画にたどり着くために、芝刈り機はどのように動くべきだろうか?

無限の芝には角が1つしかない。だからそこを出発点にして、斜めに曲がりくねりながらその角から遠ざかるように進まなくてはならない。*figure 5-12* に示した無限の待機列をたどるのだ。

カントールの考案した、対角線による巧妙な仕組みを使えば、どうにか分数をどれも取りこぼさずにすべて待機列に入れることができる。

これですべての正の分数と自然数の間に1対1対応を確立した。1つ目の分数が$\frac{1}{1}$、2つ目は$\frac{1}{2}$、3つ目が$\frac{2}{1}=2$、4つ目が$\frac{3}{1}=3$といった具合だ（ *figure 5-12* 参照）。どの分数にも、待機列での位置に応じて1つの数が与えられる。

これまでのところ、負の分数は除いている。だが、どの負の分数もそれに対応する正の分数が列内に並んでいるので、その直後に負の分数をそっと入れられるし、また、0は列の先頭に置ける。各有理数は自然数と組み合わせられ、どちらの集合にも組み合わせられない元はない。だから、有理数とちょうど同じ数だけ自然数が存在するに違いない。

元が1つ残らず待機列に収まる集合を可算集合と呼ぶ。こうしてカントールは Q が可算であるという、驚くべき結果を証明した!

実数は数えられない!

先の結果から勢いを得て、実数と自然数にも1対1対応がつけられるかどうかを問いたくなるかもしれない。

カリキュラムを飛び出そう | *5*

　カントールは、その対応がつけられないことを示した。なぜならば、いくら巧みに実数（つまり有理数と無理数）を配置して待機列に入れようとしても、残ってしまう数が必ずあるだろうからだ。正確に言えば、実数のどんなリスト（つまり数えあげのためのどのような手順）を提示しても、そのリストに含まれない数が必ず作れる。

　実数では小数点以下に繰り返しのない数の列が無限に続くこともある。この性質こそ実数が「非可算」であるゆえんだ。

　非可算集合にはあまりにも元が多く含まれるので数えることができず、そのため自然数の集合 N と比べて「より大きい」のだ。

　集合 R が非可算であることを示すには、R の任意の部分集合がすでに非可算であることを示せば事足りる。

　つまり、実数を具体的にどう選択しても、多すぎて数えられないことを示せたなら、実数集合 R 全体もやはり非可算に違いない、ということだ。カントールが1891年に示した証明に従って、0 と 1 の間の実数だけを考慮しよう。

　加えて、0 と 1 の間の実数のうち、小数部分が無限に続き、0 と 1 だけからなるものに限って考えよう。これらの必要条件を満たす最大数は $0.\overline{1}$ であることに目を向けよう。

　では、誰かがそのような数をすべて列挙する手順を見つけたと主張し、ここでの制約のもとで考え得るすべての小数部分のリストを示していると仮定しよう。

　それは **figure 5-13** に示すリストのようなものだろう（**figure 5-13** のリストは紙面の都合上、初めの6つの数しか示していない）。

363

figure 5-13 **小数部分のリスト**

0	1	1	0	1	0	··
1	0	0	0	1	1	··
1	1	0	1	0	0	··
0	0	1	1	0	0	··
1	1	0	1	0	1	··
1	1	1	0	0	0	··
:	:	:	:	:	:	

figure 5-14 **斜めに数を取り出し、補数をとる**

0	1	1	0	1	0	··
1	0	0	0	1	1	··
1	1	0	1	0	0	··
0	0	1	1	0	0	··
1	1	0	1	0	1	··
1	1	1	0	0	0	··
:	:	:	:	:	:	

リストに含まれない数列

1	1	1	0	1	1	··

　0と1からなる数列でこのリストに含まれていないものを必ず書き出せることを示す。リスト中の最初の数列の第1項の数字を取り、その補数（0を1に、1を0に変えたもの）を書き出す。

　次の数字として2番目の数列の第2項の数字の補数を取り、それから3番目の数列の第3項の数字の補数を取る、という手順を繰り返す *figure 5-14* 。

　作り方から、この「対角線数列」はリストアップされているどの数列とも異なる。なぜならば、第 n 項の数字が、リスト中の n 番目の数列の対応する項（第 n 項）の数字と一致しないように作られているからだ。

　リスト中の1番目の数列とは、第1項の数字が違うので必ず異なる。リスト中の2番目の数列とは、第2項の数字が違うので必ず異なる。リスト中の3番目の数列とは、第3項の数字が違うので必ず異なる、など。したがって、この数列は数えあげられていたもののなかにはない！

カリキュラムを飛び出そう | *5*

　この証明は現在ではカントールの対角線論法として知られており、数列の無限集合から「対角線数列」を作ることは、数学における証明で頻繁に使われる重要なテクニックになった。

　カントールが示したのは実数を数えあげるのは不可能、つまり実数は自然数と1対1対応がつけられないということだ。ゆえに、実数は自然数よりももっと「多数からなる」のであって、結果として「より大きな」無限を意味している。
　カントールはこのような集合を非可算集合と呼んだ。そのような集合は非可算だが、それでも、さまざまな「大きさ」の無限集合が存在することは示せる。
　カントールは非可算集合にもそれらが無限に多く存在することを示し、無限の算術を考案した。無限集合の大きさを計測するために、「基数」という数を導入して自然数を拡張し、それをヘブライ文字の $\aleph$（アレフ）と自然数による添え字で表した。
　たとえば $\aleph_0$（アレフゼロ）は自然数の集合の「基数」だ。これが数学のなかで「最も小さい」無限だ。
　カントールがこれらの結果を発表したとき、数学界に衝撃が走った。カントールの結果は、すでに広く浸透し正しいと思われていた考え方と対立し、革命的だとみなされた。多くの高名な数学者が、カントールが間違っていることを証明しようと試みさえし、カントールの功績を受け入れなかった。
　自らの功績への批判を浴びたカントールは意気消沈し、しばらく数学から遠ざかりさえした。カントールは復活し、科学研究を継続したが、数学への情熱はとうとう取り戻しきれなかった。数

十年の時を経て、カントールの考え方の重要性と精巧さが十分に理解されるに至った。カントールは時代の先を行っていたのだ。

こうして、有理数の集合 Q は、自然数の集合 N よりも大きいわけではないことが示せた。これはまったくの反直観的事実だ。この主張は常識に相反するように思えるが、その証明はじつのところかなり簡潔で、たどるのもさほど難しくない。

同じことは実数の集合 R が本質的に N よりも大きいこと、いわば数学には異なる大きさの無限が存在することの証明についても言える。

そのとても驚くような思いもよらない結果が、自然数や有理数や実数などの最も純粋な構造に見られるということが、数学の美しさの一翼を担っている。

lecture

80 | 数学の力で 自転車を漕ぐ

このあたりで話題を切り替え、日常生活から応用を取りあげて考えてみよう。現在の社会では、(特に大都市で)自転車がますま

カリキュラムを飛び出そう

す広く使われるようになっており、ギア選択を一層深く理解するために、数学がどれほど頼もしいものであるかがわかるはずだ。

　多くの自転車には多段ギアがついており、そのため多様な変速比が考えられる。ギアシフトの仕組みを利用して、よくある状況の下で効率性や快適性を考えて適切なギアを選ぶことができる。

　ここで考える自転車には、直径の等しい2つの車輪とディレイラー（多段変速ギア）があり、フロントには1つか2つか3つのスプロケット（歯車）、リアにはスプロケット群がある。

　リアのスプロケットは自転車の種類に応じ、一般的には5段以上重なっており、1番大きなものがスポークに最も近いところに、そのほかは一番小さいものが外側に来るように並んでいる *figure 5-15* 。

figure 5-15 **自転車のギアの構造**

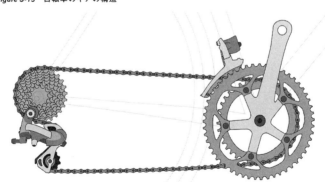

フロントのスプロケットはチェーンリングとも言う。これはクランクに取りつけられている。クランクにはペダルも取りつけられている。ギアリング（つまりチェーンによるスプロケットの連結）は、ディレイラーがチェーンをあるスプロケットから別のスプロケットへ移動することでできる。ディレイラーとは、ドライブチェーンをあるスプロケットから大きさの異なるほかのスプロケットへ掛け替える装置だ。

　現在のレース用自転車には10速あるいは11速のカセット（スプロケット群）があり、フロントには2つのチェーンリングがある。こうして最大で22種類のさまざまなギアが可能だ。

　一方、マウンテンバイクには通常、フロントに3つのチェーンリングがあり、したがって、最大33種類の異なるギアが考えられる。

　これは理論上の最大値にすぎない。というのも、ギアによってはチェーンの向きが斜めになりすぎていて、過剰にチェーンが摩耗する可能性を考えれば、使うべきではないからだ。オフロードサイクリング向けの自転車では滑りやすい急勾配の斜面用にギアをかなり低くする必要がある。だからこそ、マウンテンバイクには、フロントに3つ目の、特に小さいチェーンリングがあるというわけだ。

　では、基本的な仕組みを詳しく見てみよう。フロントとリアに、歯のついたスプロケットがあり、連結チェーンでギアを組んでいる。フロントとリアのスプロケットの歯の数が重要だ。

　フロントのスプロケットが40歯、リアのスプロケットが20歯だと考えよう。その比は$\frac{40}{20}$、つまり2だ。これは、フロントのスプロケットが1回転するたびに、リアのスプロケットが2回転するというこ

とを意味する。

一方、リアのスプロケットは自転車の車輪に取りつけられているため、車輪も同じように2回転する。

ペダルが完全に1回転する間に進む距離は、駆動輪の直径にもかかっている。こうして、目下考慮している自転車の車輪を含め、有意味な量はインチで測定した変速比だ。これはギアインチとも呼ばれる。変速比（インチ）は、駆動輪の直径（インチ）と、フロントのチェーンリングの歯数とリアのスプロケットの歯数の比とを掛け合わせた積として定義されている。その結果は通常、四捨五入して最も近い整数にする。

$$\text{ギアインチ} = \frac{\text{自転車の車輪直径・フロントのチェーンリングの歯数}}{\text{リアのスプロケットの歯数}}$$

（タイヤを含めた）車輪の直径を27インチとすると、40歯のチェーンリングと20歯のスプロケットに対して、$2 \cdot 27'' = 54$ギアインチとなる。

ここで求められる数は（非常に低いギアの）20から（非常に高いギアの）125にまで及ぶことがある。こうしてギア間の比較ができ、自転車に熟練した人やレース選手はそれに基づいて、自らの健康状態レベル、筋力、期待する使用法にできるだけ適するようにギアリングを微調整する。

もしも上記の式で得られたギアインチにπを掛ければペダルが1回転するたびに前進する距離が求められる。この距離を「展開距離」と呼ぶ（円周 $= \pi \cdot$ 直径であることを思い出すこと）。

ギアが高ければ高いほど低い場合よりも漕ぐのが余計に大変だ。というのも、ペダルが1回転する間に進む距離が延び、したがって乗っている人がペダルを1回転させるためにこなす仕事を増やさないとならないからだ。

たとえば、27インチの車輪で、フロントに46歯のスプロケット、リアに16歯のスプロケットを備えた自転車に乗る人の場合、$77.625 ≈ 78$ の変速比を利用できる。

フロントに50歯のスプロケット、リアに16歯のスプロケットを備えた自転車に乗る人は、$84.375 ≈ 84$ の変速比が利用可能だ。後者の場合は変速比78よりも漕ぎにくいだろう。

変速比78の自転車に乗る人は、ペダルを1回転させるとおおよそ245インチ（6.2メートル）前進する。それに対し、変速比84の自転車に乗る人は、ペダルを1回転させるとおおよそ264インチ（6.7メートル）前進する。

ゆえに、ペダルが漕ぎにくければ漕ぎにくいほど、ペダル1回転当たりに進む距離が長くなるという見返りがある。

ここで、ごく普通の人が自転車に乗るとして、さまざまな変速比を当てはめて検証してみよう。

漕ぎ手をチャーリーと呼ぶことにする。チャーリーは平地で、変速比を78として自転車を気持ち良く漕いでいたところ、やがてとても急な傾斜に差し掛かった。変速比を高くすべきだろうか、低くすべきだろうか？

みなさんはきっと次のように推論するだろう。チャーリーがもしも変速比84に切り替えると、ペダルを1回転させるたびに264イ

ンチ進む。これには一定量の仕事が必要だ。重力の影響に逆らって傾斜を上るために、さらなるエネルギーが必要だ。だからチャーリーは自転車を押して傾斜を上がるはめになるだろう。もしも低いギアに切り替えたなら、ペダルを漕ぐエネルギーは少なくてすむが、斜面を上るために必要なさらなるエネルギーがあるので自転車を漕いだときの感覚は変速比78の場合とだいたい同じになるだろう。だから答えは変速比を低い数字に切り替えることだ。そうすると、チャーリーは斜面を上るために、変速比84を選んだ場合や、変速比78のままにした場合よりも、ペダルをさらに多く回転させなくてはならない。

　チャーリーのギアリングでは、坂を上るために求められる余分な仕事のせいで変速比78のような感じがするだけなのを忘れてはいけない。

　自転車に乗って A から B まで移動する間に行なわれる仕事は選んだギアによらないものの、乗る人は道の傾斜や自分の身体状態にギアを合わせることができる。

　ギアを低く切り替えてペダルを漕ぐ力を減らすと引き換えに、点 A から点 B へ行くために必要なペダルの回転数は増える。そうは言っても、ペダルに働く力と回転の総数だけが基準として意味を持つわけではない。

　自転車に乗る人の脚が最適な力を生み出すためのケイデンス（ペダルを漕ぐスピード）は狭い範囲に限られている。ケイデンスとは、1分当たりのペダルの回転数（rpm）のことだ。自転車が同じ速度で進む（A から B まで同じ時間で進む）ために、ギアを低くするなら、

漕ぎ手はケイデンスを高めて漕ぐ必要があるが、力は少なくて良い。

逆に、ギアを高くする場合には、所定のケイデンスに対して速度は上がるが、より大きな力を働かせる必要がある。プロの競技選手にとって、好都合なギアを選択するためには、本質的に、ケイデンスとペダルを漕ぐ力の間の適切なバランスを見いだすことが重要なのだ。

自転車レースの場合、たとえばツール・ド・フランスの1つのステージでは、選手は多くの時間、ケイデンスがごく狭い好ましい範囲内に常に留まり続けるようにギアを選ぶだろう。

好ましいケイデンスは個々に異なり、ほとんどの選手にとって$70rpm$から$110rpm$の間のどこかにある。次の表では、さまざまなギアやケイデンスの場合の自転車の速度を示す。

Table 5-7 さまざまなギアやケイデンス対する自転車の速度

ギア	ギアインチ	展開距離	フロントの歯数/リアの歯数	60 rpm		80 rpm		100 rpm	
				mph	km/h	mph	km/h	mph	km/h
非常に高い	125	10	53/11	22.3	36	29.7	47.8	37.1	59.7
高い	100	8	53/14	18	29	24	38.6	30	48.3
中程度	70	5.6	53/19 または 39/14	12.5	20	16.6	26.7	21	33.6
低い	40	3.2	34/23	7.2	11.6	9.6	15.4	11.9	19.2
非常に低い	20	1.6	32/42	3.5	5.6	4.7	7.6	5.9	9.5

もちろん、好ましいケイデンスをあきらめざるを得ない状況もある。

これはレースのラストスパートによくある事例だ。選手は最高速度に達するために、最高のギアを常に選択し、できるだけ速くペダルを漕ぐ。

その一方で、（たとえばツール・ド・フランスのコースに含まれる悪名高きラルプ・デュエズへの登り坂などの）とても勾配が急な斜面を上る場合、選手がすでにギアを最低にしているなら、ケイデンスは実質的に$70rpm$を下回るかもしれない。道の傾斜があまりにきつく、好ましいケイデンスを維持できないのだ。

レース選手は、コースに応じてリアスプロケット群を慎重に選ぶ。比較的平らなコースならば、リアのスプロケット群での歯数は11〜23の範囲にあることが必要だろう。

その一方で、山中のコースの場合には、低いギア、たとえば歯数が11〜32の範囲で斜面を上る必要がある（11歯のスプロケットは、ラストスパートに備えて、取っておく）。

最終的には、取り得る変速比の重複を避けることがギアの選択にも影響を及ぼす。表を見ると、リアスプロケットが14歯および19歯（チェーンリングはそれぞれ39歯および53歯）の場合に同じ変速比が重複している。

これはギアの種類数を減らしてしまうので、回避すべきだ。重複した、あるいはほぼ重複した変速比は、さほど高価ではない自転車によく見られる。

ほかにも考慮すべき面は、隣のギアへ切り替える際のギアインチの増分だ。低いほうのギアから高いほうのギアへの相対的な変化はパーセンテージで表せる。

どうギア切り替えをしてもほとんどの場合に、差のパーセンテージがだいたい同じであれば、自転車に乗っていても一層快適でいられる。

たとえば、13歯のスプロケットから15歯のスプロケットへの（15.4パーセントの）変化と、20歯のスプロケットから23歯のスプロケットへの（15パーセントの）変化とでは、後者のほうが歯数の差は大きいとしても、ほぼ同じように感じられる。

パーセンテージの差が一定になり得るのは、歯数が等比数列に従う場合だ。自転車の操作においては車輪の回転が何より肝心であることがわかったところで、これとはまた別の、とてもなじみ深い曲線の話に移ろう。

その曲線は高等学校のカリキュラムで教えられているものなのだが、悲しいことに、やる気を起こすような応用が抜けている。それを今から詳しく見てみよう。

カリキュラムを飛び出そう | 5

lecture 81 放物線に 光を当ててみる

　定規とコンパスで2種類の「線」が描ける。直線と円（円弧）
だ。「線」と括弧で囲んだのは、数学では線という概念は「直線」
と同義だからだ。

「曲線」というのは、真っ直ぐなものとは限らない「線」に対
する一般性の高い用語であり、直線や円弧は曲線の特別な例だ。
直線や円弧は最も基本的な曲線であり、初等平面幾何学では
これらしか扱わないことも少なくない。

　これらの基本的な曲線から構成される形の幾何学的性質を勉
強すると、役に立つ知識が得られるのは明らかだ。直線や円弧
から作図できる基本的な形には、三角形、四角形、多角形、
完全な円、半円、弓形などがある。これらは定規とコンパスの
みで描ける。

　ところが、曲線はほかにも多く存在する。それらは定規とコンパ
スだけでは描けないが、技術的応用のために重要なものばか
りである。

　放物線はそうした例の最たるものだ。私たちはテレビの衛星
放送を見るたびに放物線の性質に頼っている。衛星からの電磁

375

信号を受信するために必要となる「パラボラ・アンテナ」は、電磁信号を受信すべく設計された特別なアンテナである。本質的に皿の形の放物面でできたアンテナは、受信信号を増幅し、電流に変換する装置を備えている。その後、電流は衛星放送受信機へと送られる。パラボラ・アンテナの形こそがとても重要であるものの、この性質について説明する前に、放物線の定義を手短に振り返ろう。

放物線は、定直線 d（準線を意味する directrix より）と、その上にない定点 F（焦点を意味する focus より）によって定義される。放物線は平面上で、d からの距離と F からの距離が等しいすべての点からなる集合だ。つまり、ある点が放物線に属するのは、焦点 F への距離と準線 d への距離とが等しい場合、かつその場合に限る（1点から1本の直線への距離とは、直線から点へ引いた垂直な線分の長さであることを思い出してほしい）。

そのような点の1つは、F を通り d に垂直な直線を引き、d から F への線分を二等分することで簡単に得られる **figure 5-16** 。

figure 5-16 **放物線を得る方法**

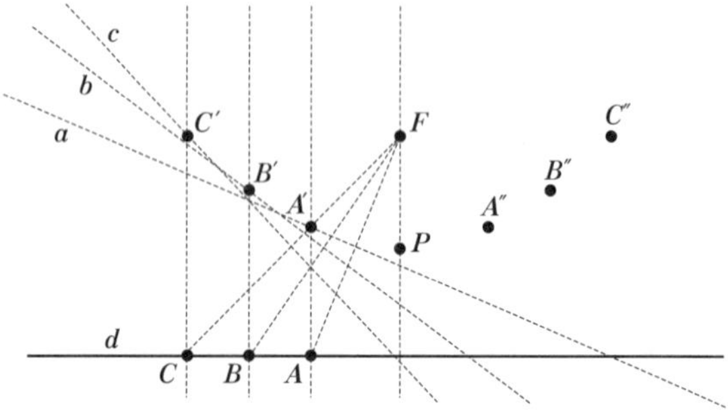

カリキュラムを飛び出そう | 5

　放物線の点は、以下のようにすると次々と作図できる。準線 d 上に任意の点 A を取り、線分 AF の垂直二等分線を引き、これを a と書く。このとき、a 上のすべての点は A への距離と F への距離が等しい。最終的に、A を通り d に垂直な線を作図して、a との交点を A' とする。このとき A' は、F への距離と d への距離が等しいので放物線上の点だ。

　作図の方法から、A' と d の距離は、A' と A の距離に厳密に等しい。さらに、A' は a 上にあるので、F と A から等しい距離にあり、したがって F への距離と d への距離が等しい。

　FP の反対側に放物線の点を取るためには、このプロセスを続ければ良い。

　また、対称軸 FP に関して点 A' を折り返しても良い。折り返した点を A'' と書く。

　それから d 上にほかにも点 B、C を取り、同様にそれぞれ、B' と B''、C' と C'' を作図できる **figure 5-16** 。

　d 上のすべて（もしくは多く）の点に対してこの手順を繰り返すと、放物線上のすべて（もしくは多く）の点が得られる。線分の二等分線は、紙を折って、線分の片端をもう片端に重ねれば作れることに注目しよう。つまり、準線上の点が焦点に重なるように折れば放物線の接線ができる。だから、折り紙の幾何学では、放物線は本来からある基本的曲線なのだ。この魅惑的なトピックに関しては以下の書籍にさらに多くのことが紹介されている。

Geometric Origami by Robert Geretschläger（Shipley, UK: Arbelos Publishing, 2008）（邦訳なし、仮題『幾何学的折り紙』）

　パラボラ・アンテナの例に戻ろう。パラボラ・アンテナという3

次元の形状は、放物線 →figure 5-17 を対称軸の周りに回転させると現れる →figure 5-18 。対称軸の周りに放物線を回転させるとできる面を数学用語では、放物面（パラボロイド）という。

パラボラ・アンテナにこの形状を使うのは、放物面がすばらしい幾何学的性質を持つからだ。

放物面の形をした（反射層が放物面内にある）鏡と、放物面の対称軸（すなわち焦点から準線への垂線）に平行に鏡へ到達する光線を思い描いてみよう。このときすべての光線は反射して焦点に集まり、そこで光の強度が非常に高くなる。つまり、放物面の鏡が光の増幅器として作用するのだ。

ところが、パラボラ・アンテナが受け取るのはじつのところ光ではなく衛星からのテレビ信号などの電磁波だ。ここでの光線は、波が進む方向を示す1つの手段だ。

パラボラ・アンテナは入力信号を反射して焦点に集めることで増幅している。そしてその焦点には信号を電流に変換する装置が備えられているのだ。

figure 5-17 **放物線**

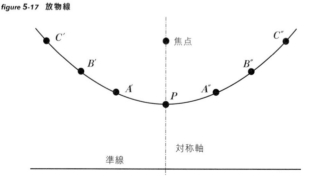

figure **5-18 放物線**

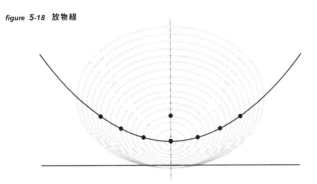

　放物線の反射の性質を調べる前に、反射の法則を思い出しておかなくてはならない。この法則は、入射光線が法線（面に垂直、つまり、面に接する平面に垂直な線）となす角度と、反射光線が法線となす角度が等しい、と主張している *figure* **5-19** 。

figure **5-19 放物線での反射**

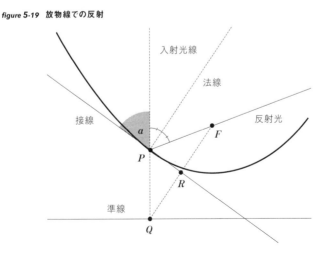

では、 *figure 5-19* に示すように、放物線上の点 P に当たる光線を考えてみよう。光線が放物線の接線となす角度を α とする。この光線を準線まで延ばし、交わる点を Q とする。さらに、P を通る放物線の接線を引く。

すると放物線の定義から $PQ = PF$ であり、PR は二等辺三角形 QPF の高さになる。角 FPR はしたがって角 QPR と一致する。

一方、対頂角は等しいので、$\angle QPR = \alpha$。ゆえに、PF はじつのところ、放物面の鏡で反射して出ていく光線の方向を示している。

P は放物線上の任意の点だったので、これは放物線上のすべての点に対して成り立たなくてはならない。つまり、対称軸に平行に入ってくる電磁波の束は焦点 F に収束するということだ。

最終的に、反射の法則は対称的なので、逆のことも言える。焦点に置かれた光源から放出される光は、もっぱら対称軸の方向に沿って外に向かうように調整されるだろう。

これこそ、懐中電灯や自動車のヘッドライトの仕組みなのだ。*figure 5-20* を見ると、自動車のヘッドライトは、焦点で光が比較的弱くてもとても強い光を放つわけがわかる。

figure 5-20 に示すように、焦点にある光源から発せられる光線が放物面のヘッドライト内部で反射すると、すべて対称軸に対して平行にヘッドライトから出て、結果として、その方向に強く光が集中する。

いよいよ本書も締めくくりに差し掛かる。数学は、それ自体が心躍るものであるに留まらず、学校で教えてくれる題材も残念ながらたいがいは省かれてしまう題材も含めて応用性に富んだ科

figure 5-20 **焦点から放出された光の進路**

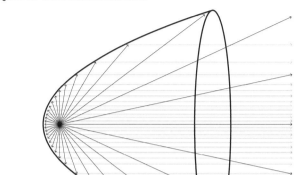

目でもある。

　みなさんが経験を通じてそのことを知る機会となったならば幸いだ。

「省かれてしまうこと」の多くは、説明抜きで誰もが当たり前だと思っているたくさんの事柄を説明するのに役に立ち得るものなのだ。

　さらに、本書では意欲を高める数々の考え方を示しているが、数学を教えるときには、そのような考え方のいくつかを伝えようとして取り組めば、もっとたくさんの人がこの科目を好きになるだろうと、私たち著者は言いたい。低学年のときからすでにこれらのトピックがカリキュラムに組み込まれるべきで、そうすれば生徒がやる気を持ち、やがて数学は多くの生徒にとって（嫌いな科目ではなく）お気に入りの科目になったであろうと、みなさんが気づいて

くれたならうれしい。

　数学を学ぶというのは、単にテクニックやスキルを次々と身につけることだけではなく、数学のなかに隠れている多くの不思議や日常生活を説明するのに一役買うさまざまな応用を明らかにする機会でもある。そのことに気づけば、ひたすら「テストに備える」ということにはならないだろう。

　いつの日か、学生時代は数学に弱かっただなんて、立派な大人になってから「自慢気に」言うことはもはやなくなるだろう。

　どんどん先に進み「カリキュラムから省かれたもの」のいくつかを目下勉強中の生徒たちと共に味わおう。今はまだあちこちに抜け落ちているが、ゆくゆくは満たされた姿になることを願って！

カリキュラムを飛び出そう | *5*

LIBERAL ARTS COLLEGE　数学センスが身につく本

発行日	2018年　8月30日　第1刷
Author	アルフレッド・S・ポザマンティエ
Translator	宮本寿代（翻訳協力：株式会社トランネット www.trannet.co.jp）
Book Designer/DTP	辻中浩一　佐藤南　吉田帆波　六鹿沙希恵（ウフ）
Publication	株式会社ディスカヴァー・トゥエンティワン
	〒102-0093　東京都千代田区平河町2-16-1
	平河町森タワー11F
	TEL　03-3237-8321（代表）
	FAX　03-3237-8323
	http://www.d21.co.jp
Publisher	干場弓子
Editor	堀部直人
Marketing Group Staff	小田孝文　井筒浩　千葉潤子　飯田智樹　佐藤昌幸
	谷口奈緒美　古矢薫　蛯原昇　安永智洋　鍋田匠伴　榊原僚
	佐竹祐哉　廣内悠理　梅本翔太　田中姫菜　橋本莉奈
	川島理　庄司知世　谷中卓　小木曽礼丈　越野志絵良
	佐々木玲奈　高橋雛乃
Productive Group Staff	藤田浩芳　千葉正幸　原典宏　林秀樹　三谷祐一　大山聡子
	大竹朝子　林拓馬　塔下太朗　松石悠　木下智尋　渡辺基志
Digital Group Staff	清水達也　松原史与志　中澤泰宏　西川なつか　伊東佑真
	牧野類　倉田華　伊藤光太郎　高良彰子　佐藤淳基
Global & Public Relations Group Staff	郭迪　田中亜紀　杉田彰子　奥田千晶　李瑋玲　連苑如
Operations & Accounting Group Staff	山中麻吏　小関勝則　小田木もも　池田望　福永友紀
Assistant Staff	俵敬子　町田加奈子　丸山香織　小林里美　井澤徳子
	藤井多穂子　藤井かおり　葛目美枝子　伊藤香　常徳すみ
	鈴木洋子　石橋佐知子　伊藤由美　畑野衣見　井上竜之介
	斎藤悠人　平井聡一郎
Proofreader	株式会社鷗来堂
Printing	大日本印刷株式会社

・定価はカバーに表示してあります。本書の無断転載・複写は、著作権法上での例外を除き禁じられています。インターネット、モバイル等の電子メディアにおける無断転載ならびに第三者によるスキャンやデジタル化もこれに準じます。
・乱丁・落丁本はお取り替えいたしますので、小社「不良品交換係」まで着払いにてお送りください。

ISBN978-4-7993-2350-2
©Discover 21, Inc., 2018, Printed in Japan.